U0632846

日渡心理学

文峤／著

苏州新闻出版集团
古吴轩出版社

图书在版编目（CIP）数据

自渡心理学 / 文峤著. -- 苏州 ： 古吴轩出版社，
2025. 4. -- ISBN 978-7-5546-2623-8

Ⅰ. B84-49

中国国家版本馆CIP数据核字第202524GM69号

责任编辑：顾　熙
见习编辑：张　君
装帧设计：刘孟云

书　　名：**自渡心理学**
著　　者：文　峤
出版发行：苏州新闻出版集团

古吴轩出版社

地址：苏州市八达街118号苏州新闻大厦30F
电话：0512-65233679　　邮编：215123

出 版 人：王乐飞
印　　刷：水印书香（唐山）印刷有限公司
开　　本：670mm×950mm　　1/16
印　　张：11
字　　数：128千字
版　　次：2025年4月第1版
印　　次：2025年4月第1次印刷
书　　号：ISBN 978-7-5546-2623-8
定　　价：49.80元

如有印装质量问题，请与印刷厂联系。010-89565680

　　小学时咱们学过这么一句话："吾日三省吾身"，后来我们长大了，切切实实每日三省，问自己——

　　我是不是又犯蠢了？

　　我为什么不能做得更好一点？

　　我怎么就不能跟××一样成功？

　　无论何时，无论何地，随时存在的自我怀疑让你觉得负担沉重、焦虑急躁。

　　此时此刻的你，可能是还在担心成绩或论文的学生，可能是初入社会的职场新人，也可能是上有老下有小的社会人士。精神内耗像流感，在入侵你的精神世界的同时，积攒着它的能量，随时准备发动摧枯拉朽的攻击。

　　在过去的五十年里，我们的社会取得了令人难以置信的发展与进步，科技的革新改变了人们的生活，碎片信息像雨点一样打在每一个人身上，大量的信息接收与急速变化的外部环境让我们的精神世界持续处于高压状态。

　　我们没有太多时间去思考惯性思维的正确性，只能依赖成形的习惯去处事。我们的生活经验在脑海中生成了可供自我规训的深刻智慧，这能引导我们形成自己的生活方式，让行为获得更多收益。

可有时候，人并不想做看起来正确的事——

例如，辛苦工作了一整天，明知道好好吃饭、早早睡觉才能恢复体力，但你就是忍不住痛饮了一大杯啤酒，结果喝完也没啥胃口，躺下休息时还因为酒精的折磨而头痛欲裂，第二天醒来后身体也明显感到不适，但下一回，你依然会这样干；

例如，跟爱人三言两语不合，明知也不是什么大事，却还是按捺不住地跟对方大吵一架，搞得对方难过，自己也难受；

例如，明知道工作截止日期将近，还是会忍不住磨蹭，做点别的事情，把工作拖延到最后一刻；

…………

这样的例子在我们的生活中比比皆是。这些与思想不一致的混乱举动来源于大脑对挑战与打击的逃避，而后果，则需要我们用内疚和懊悔来承担。

更令人无力的是，有的人无论是否真的犯过错，内疚、懊悔和焦虑都像幽灵一样如影随形，在没有明显外部压力的情况下，仍然会任凭自己的思维或想法将自己折磨得精疲力竭。

精神内耗，体现在低自我评价与高敏感心理特质上，根源是认知模式的偏差。它就像是一种慢性疾病，悄然侵蚀着我们的心理健康和生活质量。

我不知道具体是什么原因让你拿起了这本书，但我知道，你绝不孤单。因为我也曾经是"内耗大军"的俘虏，这也促使我写下这本书。我希望，曾经将我从泥潭中拽出来的这套方法，也可以将你解救出来，让你重新夺回那些被过度自我反思劫持的健康情绪。

目 录

第一章

理解精神内耗

第一节
痛苦的根源

来访者：

我感觉我的生活像是走进了死循环，

好像事事不顺，处处碰壁。

现在觉得对自己无能为力，

不知道该怎么办。

我：

看待世界，每个人都有自己独特的视角，

就像万花筒中的每一面，都能映照出不同的色彩。

尝试着从改变思维方式开始，摆脱惯性思维，

不用太久，你的生活将会以全新的面貌出现在你眼前。

被魔鬼入侵的大脑

在大学期间，我曾经历了一段长达两年的焦虑时期，仅仅是因为我发现自己的体重有所增加。这让我在接下来的一段时间里对自己的身材变得异常敏感，哪怕是轻微的体重波动或是感觉衣服紧了一些，都会让我忍不住上网搜索相关信息。

我知道自己的体重在健康范围内，但我总觉得自己的大腿不够纤细，腰围不够小；

我经常在社交媒体上看到那些"完美身材"的照片，不自觉地将自己与那些拥有"A4腰"和"能放硬币的锁骨"的女生比较，感到自己相形见绌；

我对同学和朋友的评价特别敏感，总是担心别人在背后议论我的身材；

我对食物有着复杂的感情，经常计算卡路里，限制自己的饮食，但有时又会因为压力而暴饮暴食，之后又感到深深的内疚和焦虑；

我开始拒绝参加学校的舞会和聚会，担心在这些活动中因为身材而受到评判；

我开始将自己的价值与外貌挂钩，认为自己只有变得"白幼瘦"，才能获得他人的认可和赞赏；

由于过分关注外表，我忽视身体健康的重要性，经常因为身材焦虑而忽略了均衡饮食和适量运动；

…………

关注身材的"好"与"坏"似乎成了我每天生活的重心，与此同时，我内心深处也无比挣扎。因为我既想追求所谓"完美身材"，也知道这种追求可能并不健康；我渴望改变自己的身材，尝试了各种减肥方法，但效果并不理想，这让我感到沮丧和无助。

终于有一天，我突然意识到，我可能只是在胡思乱想，这种过度的焦虑对我的身心健康并无益处。我又开始极度担忧自己的心理状态，怀疑自己患上了焦虑症，需要寻求专业的心理医生的帮助，甚至开始质疑学校心理健康咨询室的服务质量。

到了这个地步，我已经无法用正常的眼光来看待自己的体形问题，我像是将自己放在放大镜下，一遍遍地审视自己可能有的每一个问题或缺点，然后用严苛的态度审判自己的行为，问自己——

为什么会这样关注体重？

为什么会如此敏感？

为什么不能放松一些？

为什么无法确定这种担忧是否合理？

而所有这些困扰了我两年的焦虑，都源于对身材的过度关注。

通常来说，思考是为了让我们更清晰地认知事物，这是大脑的本职工作，可一旦超负荷使用，也就是我们说的过度思考，大脑就会产生一些其他的情绪，例如担忧、焦虑、自责和内疚等。我想绝大部分人都感受过，知道这些情绪有多么糟糕。

更令人头疼的是，由于很难真正意识到自己处在大脑过载的状态，那时候的我，在无法自控的焦虑与担忧中，根本无法意识到自己的问题。通常，一个高压事件能被放下，是因为另一个更高压的事件的出现，就好像我意识到自己在胡思乱想，正打算放下某些无所谓的思绪时，却又陷入了另一个无法逃脱的怪圈中。这是因为大脑无法同时处理这么多内容，所以在无意识中，我会将所有精力都转移到新的事件上。

这样过度思考非但对解决事情毫无裨益，还会导致某些表现或行为被过度放大，从而在大脑中形成干扰性的思维。这种行为会使我们对事物的分析、判断夸张化，进而引发过度监视或评价，使我们难以保持理性。

近期有一位咨询者，她一开始跟我描述她的现状时，我便意识到她正处于前面所说的大脑过载的情况，但跟我之前出现的情况又有所不同。为了方便称呼，我们就叫她 A 女士吧。

A 女士是一位细心、负责任的妈妈。她的孩子目前正上小学三年级，是个胖乎乎的小姑娘，说起话来奶声奶气的，第一次来我办公室时看到桌上的鱼缸，还认真地给我讲为什么金鱼睡觉不闭眼。

读书的时候，A 女士是个典型的学霸，对学习充满热情，成绩优异，从不需要爸妈监督。在她的孩子上学后，她便试图将自己的学习经验传授给孩子，希望孩子能在学业上有所成就。

在辅导孩子做作业的过程中，A 女士发现孩子很容易注意力不集中：跟她讲语文，她在玩铅笔；跟她讲数学，她在玩尺子。常常是昨天才讲过的题目，今天就忘了。每次辅导作业都像一场战斗，大多数时候以孩子委屈大哭、妈妈气得胸口发疼结束。

A女士因孩子的学习而感到焦虑，她担心孩子将来无法进入好的中学，考不上好的大学，找不到好的工作……

有一次周末回父母家，A女士无意间听到自己的妈妈在跟爸爸说："孩子还这么小就承受这么大的学习压力，真是可怜，想想当时我带孩子的时候，几乎没给过她什么压力……"

这让A女士心中产生了一些异样的情绪，她开始思考：孩子还这么小，自己的教育方式是否会对孩子的成长产生不好的影响？但想归想，学习还要继续。就这样又过了一段时间，在一次跟朋友的聚会中聊到的话题，让A女士的心态发生了很大转变。

好友B女士在谈论孩子的学习时说，自己为了孩子的健康成长，尽量减轻孩子的学业压力，让孩子有更多的时间玩耍和探索自己的兴趣。说这些的时候，B女士毫不掩饰脸上的轻松和自在，说完还反问A女士："你怎么做到对孩子学习这么严格的？你都不担心孩子有压力吗？"

A女士想起自己因孩子的成绩而焦虑，脑子里全是孩子为了完成作业而抓耳挠腮、委屈落泪的画面，顿时羞愧难当，并开始了长时间的反思。每当想到孩子的压力，内疚和自责就像洪水一样将她的思绪淹没。她会给孩子提供最好的学习条件，尽管这些可能并不是孩子真正需要的，甚至在孩子成绩下滑的时候，她产生了辞职在家照顾孩子的冲动。

A女士的过度思考体现在了对孩子学习的焦虑上。由于焦虑感在心里蓬勃生长，她在还没反应过来的情况下，整个人就已经被它控制。焦虑感就像个灵敏的按钮，稍有触碰，它就会催发自责的情绪，继而进行过度补偿。

无论是未达成的期待，还是多年前犯下的错误，都有可能使你成为内疚情绪的奴隶。它似乎一直在提醒着你的不足之处，嘲笑你的错误，催促你去改变，让你在生活中不停地与之缠斗，然后不出意外地败下阵来。

我们生活在一个快速变化的世界里，当脑力被超负荷使用时，思维就会失控，产生压力。我们很难通过个人的主观意志去控制或是阻止压力的产生。在通常情况下，大脑会帮助我们清晰地认知事物、端正对事物的态度、思考解决问题的办法，但过度思考则会让大脑无法做出正确判断，同时运作过载，过度消耗精神内核。

以上提到的大脑过载后产生的，表现在我们身上的那些担忧、焦虑、恐惧、内疚、自责等情绪，都有一个共同的特点，那就是极具干扰性且长期萦绕在心头，让人久久无法平静，我们将其称为"精神内耗"。

人类迷失在过度思考中并非一两日，过往也有许多心理学家提出这类假设与思考。有的人认为精神内耗的原因是基于某一类性格特征，也有人认为这来源于一种没被纠正的坏习惯，还有人认为精神内耗实际上就是一种精神疾病，乐观点儿想，它可以被治愈……

无论提出怎样的猜想，但凡一个人出现了过度思考的情况，那么"我为什么会这样"的问题往往会成为焦虑的核心。在被纠正之前，他们不会意识到，过度思考的原因其实并非其精神内耗的焦点。

打开这本书的你，很可能正在遭受精神内耗的困扰。遇到难以摆脱的过度思考时，你可能会想："如果能找到那些令我烦恼的问题的解决办法，那么一切都会好起来，我也不需要再承受这令人深感绝望的压力了。"

可你是否想过：这个问题解决了，下一个问题呢？只要你继续按照这种思维方式去想事情，接踵而来的其他问题依然会困扰你。

做出这些行为的你，已经陷入过度思考

亚里士多德提出过这样的一个观点：人本质上是一种社会性动物。作为人类，我们在这个社会中生活，每天都需要和不同的人交流，比如，一个学生需要和同学、老师交流，一个职场人士需要和同事、领导交流……交流会让你产生各种感受和情绪，这需要一一应对。

当你习惯用焦虑与内疚等负面情绪来回应生活中的小事，你将会在习惯思维的推动下，继续用这些情绪来回应发生在你身上的任何事情，而回应的事情越大，造成的后果将会越令人难以承受。举几个我的来访者的例子，你可能会觉得似曾相识——

A 小姐因为不好意思拒绝他人求爱，而选择了与对方在一起，现在对方向她求婚了，A 小姐却感觉比被求爱时更加难受。

B 先生从不曾向老板表示过自己的工作量超额，也不敢要求加薪，

现在看到工作量比他少的同事升职加薪，心中五味杂陈。

C女士的表妹邀请她一同创业，但这与她的职业规划不符。由于C女士前些年创业的时候表妹曾经借钱给她，C女士认为如果自己不答应，就是对她表妹的背叛。

D同学很在意别人对他的评价，这也表现在线上社交中。如果跟他聊天的人没能及时回复，他会反复回看聊天记录，试图找出自己说错的话。

E小姐注册交友软件，在填写优势与长处的时候陷入了纠结，她找不到自己的优点，也无法说出自己的长处。思考了一天后，因胃痛和头痛相继出现而放弃了注册账号。

F先生很难在指定时间内完成工作，他总会因为各种琐碎的事情耽误工作的推进，例如花时间看视频来获取一张两元的外卖优惠券，或是反复擦办公桌上那块擦不掉的墨渍。

G同学每次做课业PPT的时候总要花比别人更多的时间，因为她无法忍受PPT低像素的背景图或看起来不够优雅的字体，说到底就是无法忍受这个PPT看上去不够完美。

我相信这些表现曾或多或少地出现在任何一位翻开这本书的人身上。每个人的性格与经历不同，导致内耗的外在表现也会有所差异，但它们有着共同点——心理资源的过度消耗以及个体的内在斗争激烈。

当你放任内耗情绪掌控自己时，你将会加深对自己的不满，从而在精神和身体双层面为难自己，被内耗情绪操控与利用，任由它将你的生活搅得一团糟。你可能从未认真想过，放不下的内耗会让你牺牲掉什么——可能是你的自由，也可能是你享受快乐的权利。而被它搞得只剩一地鸡毛的你，甚至不清楚它究竟长什么样子。

内耗的形态：

- 总觉得自己做得不够好，并为此感到遗憾和自责。

- 频繁地质疑、分析或评判自己的想法。

- 每当遇到不顺利的事情时，总是将问题归咎于自身。

- 时常陷入思考的怪圈，有时会刻意控制自己不再继续想某些事情。

- 会被自己无意识的想法所影响，继而陷入沮丧。

- 很难自己做出选择，即使选择了也会怀疑自己的选择是否正确、合理。

- 时常不由自主地陷入某个事件的回忆中，即使这件事早已无力回天。

- 付出与回报总是不匹配。

- 在工作中，总是做超出自己职责范围的事。

- 在亲密关系中容易感到失落或有压力，感受不到太多的快乐。

- 明明想拒绝，却因为各种原因选择了接受。

- 明知道对方正在利用／试探你，却总是会为了某些原因配合／屈服，任由他人操控事态的发展。

- 为了不让别人感到不适，会极力抹除自己的成就或功劳。

- 在关系中，不论是亲情、友情还是爱情，总是和对方形成都不独立的强制依赖状态。

- 明知道自己有问题，往往不肯承认，假装无事发生。

- 对自己的需求和想法有羞耻心，不敢说出来。

- 对于帮助过自己的人会有天然的服从性，觉得欠下的人情永远无法还清。

- 总是会因为内疚或过度责任感而做出选择。

- 缺乏安全感，对任何即将发生的事情都心怀恐惧。

- 即使时过境迁，还是对过去的事情耿耿于怀。

从理论上来说，上面提到的二十个形态中，不乏被认为是优秀品质的表现。谁都想让自己拥有令人称赞的意识与洞察力。思考与觉察是人类的像金子一样珍贵的天赋，让人类的认知能力远超地球上的其他生物，反思与自我剖析更是人类大脑独有的非凡特征。可一旦陷入过度思虑，思考就会像利刃一样，破坏我们正常的思维逻辑，让我们迷失、痛苦。

从心理学角度来说，精神内耗是指猜疑、焦虑、自责等负面情绪所带来的精神压抑，心里仿佛有两个小人在不断打架，这样的矛盾心理造成了心理上的痛苦。精神上的内耗往往比肉体的内耗更令人煎熬，个体在不断地自我否定、质疑与挣扎中，逐渐失去了对生活的热情与信心，感到孤独、无助和绝望。这种痛苦不仅影响了个体的心理健康，还可能进一步波及社交、工作和学习等各个领域。

关于这方面的研究一直在持续进行中。研究人员发现，人们的内耗情绪往往是由多方面因素所导致的，这些因素可能包括金钱、人际关系（尤其是家庭关系）、健康、生活压力等。

在实际研究过程中，研究人员也发现了一些特别的现象，例如：

有些人在遭受巨大的生活压力后并未出现焦虑的情况，而有些人则在压力还未真正落到头上时就已经感到焦虑与不安。

内耗的原因，大致可以分为"先天"与"后天"两个方面。精神病学学术期刊《分子精神病学》在 2019 年的刊文中发布了关于焦虑情绪的染色体携带结构的研究，并指出焦虑症有 26% 的遗传概率。

这是什么意思？

这意味着，一个人是否会患上焦虑症，他的基因有着 26% 的决定权。也就是说，如果你的父母常被精神内耗所困扰，那么你陷入精神内耗的可能性也将更大。

从概率上看，基因并非影响焦虑症的主要因素，毕竟其他因素占74%，而这 74% 则与一个人的生存成长环境、家族史、过往经历以及生活现状有关。这类研究难度非常大，研究人员需要将生物性基因影响与行为影响区分开来，再做进一步研究。

一个有意思的研究结果是，随着我们年龄的增长和环境的改变，基因对我们的影响越来越小。这意味着，一旦你发现自己陷入精神内耗，你是有能力去调整它、改变它、摆脱它的。

我们的成长过程、过往经历与生活现状相较于基因而言有着更大的决定权，我们对基因无能为力，但绕开基因，我们能做的依然非常多。

人们很容易在无意识间陷入过度思考，在反复思考中试图寻找到答案。但这个过程就好像你发现被蚊子咬了个包，你会下意识地挠它，当下感觉舒服了，但是暂时的缓解无法彻底解决问题，蚊子包依然在那里，时不时发痒，你就会因为"痒"的感知而继续挠，挠到破了皮都没有意识到其实自己早已被这个蚊子包牵着走了。

另外，我还想提一下，在日常生活中，我们的一些习惯也会导致内耗加剧，比如频繁地刷社交软件、饮食不规律、睡眠习惯不健康等。后面我们会详细讨论这些方面。

精神内耗是一场自我审判

社会飞速发展，当代人承受着巨大的生活压力，人们就像被鞭策的陀螺，不得不在时代的巨轮下持续旋转，直至耗尽所有能量。人们喜欢用"内卷""躺平""佛系""丧"等词来表述这种状态，在这种挣扎与选择的过程中，人们的精神内耗逐渐积累，本就不怎么牢固的心理防线不断被侵蚀，直至崩溃。

千里之堤，溃于蚁穴。内耗的开始往往体现在日常小事上：可能是短视频刷得停不下来，刷到眼睛不舒服，甚至影响视力健康；可能是工作中出现小失误后，因恐惧而再也不敢接触此类工作；还可能是你如何努力都无法搞好人际关系……这些事虽然看似小，但影响却持久不断：你也许是在思考解决问题的办法，但更多时候是在思考为什么连这么小的事情都无法做好。

你就像一个站在法庭上的被告，证据是你难以完成的事情，而判决来自你自己的心声。这些念头就像一把把利刃，不断扎进你的胸腔，让你从精神到身体都受到切切实实的伤害。

人体天然具备一定的抗压能力，但是当压力持续施加、反复侵袭时，身体会因为难以承受而出现多种不适症状；如果压力持续的时间足够长，身体的不适感甚至可能伴随终身。

短期的压力过大会让身体出现以下症状：

心跳加速	头晕头痛
倦怠恶心	肌肉紧张
呼吸急促	发抖抽搐
口干多汗	记忆力减退
消化系统紊乱	免疫系统功能下降

长期的压力过大会让身体出现以下症状：

身心疲倦	焦虑紧张
暴躁易怒	沮丧冷漠
失眠多梦	注意力下降
心脑血管疾病出现	激素水平异常
性欲、食欲下降或激增	

　　精神内耗就像立在心头的一座风车，周遭稍有动静就会不自觉地转动起来。当今社会，人们每时每刻都在经受着不同的挑战，于是心头的那座风车铆足了劲，一周七天，每天二十四小时不停地被吹动。

你也许会不解：一些不太合时宜的想法为什么竟能拥有伤害身体的能力？

从心理学角度来看，这些想法往往与恐惧、不安、自我怀疑等负面情绪紧密相连。我们在反复沉溺于这些想法之中时，就会形成一种消极的思维模式，这种模式会逐渐固化，使我们难以看到生活中的积极面，进而影响到我们的情绪调节能力。长期处于负面情绪状态下，人的免疫系统、内分泌系统等都会受到不同程度的损害，增加患病风险。

意识到内耗的存在，是自渡的第一步

精神内耗就是自我探讨过度的产物，当它将你的心灵层层包裹住时，你会出现焦虑不安、愧疚等情绪，但这并不意味着你就是脆弱无能的。

通常来说，容易产生精神内耗的人在进行自我探讨时，往往会习惯性地将一件事情复杂化，认为多重考虑可以更好、更全面地解决问题。可事实是，思考如果无休止地进行下去，就会成为一种负担。

我们每个人都有着不同的性格偏向与承受能力，压力来袭时，只能被动接受，这是不可控的。

但是无需气馁，我们可以控制的是自己应对压力的态度。换个角度看问题，往往是抵抗坏情绪、高压力的制胜法宝。你真正意识到自己正在经历精神内耗，就说明你迈出了改变过度思虑的第一步。

在这一节中，我们了解了精神内耗以及它的危害，接下来我将告诉你如何训练大脑，让你的大脑能够真正地"听从"你的安排。在此之前，我想先讲一个小故事，也许你曾经听过但是忘了，没关系，让我们重新开始。

森林中有两只小蜗牛，它们决定爬到山顶去看日出。

一路上，第一只蜗牛有许多担心的事情：它担心自己爬得太慢会被别人嘲笑；担心路途遥远，无法在日出前到达山顶。它不断地责怪自己走得太慢，责怪上山的路途实在太远，在自责和愤怒中，不断消耗着自己的体力和意志力。

而另一只蜗牛，它虽然也知道路途遥远，但只是默默地背着壳，一步一步坚定地向上爬。它专注于脚下的每一步，享受着沿途的风景，承受着草叶上轻轻滴落下来的露珠，偶尔停下来与路过的昆虫聊天，始终保持着走向山顶的步伐。

当第一缕阳光洒满山顶时，第二只努力攀爬的蜗牛站在了那里，见证了壮丽的日出，而第一只蜗牛，依然在出发地踌躇。

第二节
是什么让你陷入内耗循环

来访者：

生活中我总是担忧很多事情，

害怕自己做得不好，又怕自己做得太好。

感觉一天中有二十个小时都处在焦虑中，

因此健康也出现了问题。

我：

精神状态的好坏确实会影响到身体状态，

想要有一个好的精神面貌，需要先了解自己。

了解自己为什么而烦恼，

才能更好地面对它。

基因赋予了我们黄色的皮肤，但是常年的风吹日晒也会影响皮肤的颜色。基因以它独有的方式塑造了我们最基础的东西，而后天因素将我们雕琢成为一个具象化的完整个体。

以往的观点认为，焦虑、抑郁等心理状态是仅限于那些被诊断为患有精神疾病或出现心理问题的人群的特征。然而，当代医学研究证明，焦虑等其他与之相关的精神健康问题产生于高压状态下的生活。同样，基因中可能携带了一些容易使人焦虑、愧疚的特质，但生活中的诱发因素才是激发内耗的主要原因。

压力不可避免，它可能源自学业、工作，也可能源自一段令人心力交瘁的恋爱关系，或者楼上邻居的吵闹声，再或者家中难以管教的孩子、即将清零的银行存款等。总之，生命是与压力共存的。

你所处的环境正在让你加倍内耗

一、原生家庭的桎梏

我接待过这样一位来访者，她三十岁出头，是一家大型企业的设计总监，我们就称她为 A 小姐吧。

A 小姐坦言，巨大的工作压力并非让她感到精神崩溃的主要原因。她发现只要跟父母接触的时间稍长，就会陷入巨大的精神内耗中，可怕的是，父母的监管似乎与血缘关系紧密相连，她无论逃离多远都会被父母牢牢掌控。

"无论过去了多久，也无论我已经改变了多少，他们只会像对待小孩子一样对待我。"

回忆起父母"极致"的爱时，A 小姐难掩痛苦神色。最近令她烦闷、焦虑的是母亲介绍的相亲对象。A 小姐尝试与男方接触，但母亲频繁的追问让她感到焦虑，后来发展到看到男方就想起母亲急切的脸。

在这样的情况下，A 小姐很快按下暂停键。原本以为事情到此为止了，没想到母亲在此之后还时不时提起："那个男孩子真是可怜，明明那么喜欢你，却被你拒绝了，他肯定很受伤。"

母亲充满怜悯的语气让 A 小姐感到内疚和痛苦。

心理学家苏珊·福沃德指出，有些父母的操控手段是直接型的，他们用一种公开的、具体的，甚至赤裸裸的方式对孩子实施控制。

A 小姐的父母试图控制她生活的方方面面，而作为一个独立的成年人，A 小姐有自己的规划和想法，因此和父母不可避免地会发生摩擦和冲突。这种关系折射的，是许多人感到苦恼甚至窒息的控制式教育。

我有一个年轻的同事，他的成长经历与家庭状况跟 A 小姐的非常相似，但我在他身上看不到任何一处与 A 小姐相似的地方。

这让我很好奇，于是我问了他的心路历程，他是这样告诉我的：

在经济尚未独立之时，他确实很容易受制于父母。但是，一旦经济独立，父母的管控对他就彻底失效了。他始终清晰地知道，父母与自己都是拥有独立人格的个体。虽然读书的时候家里对他的支持不遗余力，但那时他们的目标是一致的，父母对他的付出就像是一种"爱的投资"。现在，他也会在自己能力范围内给予父母尽可能多的回报，但这不包括生活完全被掌控。

听到这里，我已经大致明白他与 A 小姐的区别之处了。

他感激父母在他成长过程中给予的支持，但他认为回报父母应该是出于爱和尊重，而不是因为内疚或义务感。他愿意给予父母回报，但这种回报是建立在相互理解和尊重的基础上的。

他自我认知清晰，知道自己的价值和目标，并在此基础上构建了自己的生活。这种自我认知使他能够抵御外界的压力，包括来自父母的期望。

看到这里，相信你可以明白，即使家庭背景和成长经历相似，不同的个人因为不同的心态和选择，会有不同的人生轨迹。

另外，心理状态的代际传递是一个不可忽视的现象。在传统的亚洲家庭中，父母可能缺乏深入理解孩子的意识，这在一定程度上因为他们在成长过程中同样缺乏被深刻理解的经历。若未曾体验过被理解与支持，他们又怎能自然而然地予孩子这些呢？

我给一些父母做心理咨询时，会去探索他们如何获得并体验更健康的人际关系，结果发现他们在这方面的体验通常是不足的。只有当父母自己感受到认可与支持时，他们才有能力将这些正面的情感传递给孩子。

同时，我们在期待他人提供情感支持时，也必须考虑他们自身如何处理精神压力。缺乏稳固的支持系统，成年人在逆境中很难维持与孩子的和谐关系。例如，失业的父亲不仅自身承受压力，可能也会在亲子关系上遇到挑战。

从上面种种情况来看，"亲情内耗"就像是一道无解的题目，然而换个思路来看，我们无法改变父母，但可以选择与自己和解。

东野圭吾说："谁都想生在好人家，可无法选择父母。发给你什么样的牌，你就只能尽量打好它。"

因此，我们应该打破过往的桎梏，养育出更好的自己。不管发给我们的是什么牌，我们都要尽力把它打得漂亮。

二、友谊焦虑

仔细回想，在你的生命旅途中，是否有过那么几个非常要好的朋友，可是在某一个你发觉或是未曾发觉的阶段，你们渐行渐远，可能彼此都还留有便捷的联系方式，却再没有联络对方的冲动或勇气。

年轻一点的时候，我也对这种情况产生过恐慌、焦虑的心态，既悲伤于逝去的感情，又愤怒于自己并不知晓彼此远离的原因。偶然在街上碰到面，甚至尴尬得手足无措。

1. "接近性"是友谊的磁力块，两人越接近，联系越紧密。

正如戴维·迈尔斯在《社会心理学》中所深刻阐述的，友谊在很大程度上归因于"接近性"这一关键要素。

当人们的生活轨迹和价值观发生变化时，与朋友的联系往往会减少。随着人生的展开，每个人的道路都不可避免地会发生变化。当这些变化导致两人的生活轨迹渐行渐远时，他们在日常生活中，乃至思想观念、价值观上的"接近性"也随之减弱。这种变化使得他们越来越没机会和没兴趣去深入了解对方的生活，分享彼此的喜怒哀乐。渐渐地，原本牢固的情感纽带开始变得松散，相互之间的吸引力也逐渐消散。这种感觉，像极了成年后的闰土再逢鲁迅，明明心里清晰地记得彼此童年时亲密无间的友谊，但理智却让行为因为现实原因变得局促又陌生。

2. 不对等的感情无法长远，适用于爱情，也适用于友情。

依据吸引力奖赏理论，我们天然地更倾向于亲近那些能给予我们正面反馈或回报的人。在日常生活中，我们分享快乐的瞬间，也渴望在遭遇困扰时躲进避风的港湾。同样，当我们主动关心朋友的近况时，内心也隐含了一份期待，希望这份关怀能如同回声般得到回应。

无论是快乐未获共鸣，还是烦恼未得慰藉，抑或是关怀未有回音，多次遭到忽视后，主动一方的心中难免累积起疲惫与失落，继而认为自己的付出未能得到应有的重视。

3. 生活的重担会消耗联系朋友的时间和精力。

我们在长大的路上与时间赛跑，有限的精力被无限的任务分割成碎片，与朋友相处的时间常常会被分割开，去完成其他于我们而言更亟待解决的问题。

成长往往伴随着分离和个体化。在人生的不同阶段，我们可能会遇到新的朋友，而旧的友情可能会因为各种原因而淡出生活。这是自然的，也是成长的一部分。重要的是，我们要学会珍惜每一段友情，同时也要接受变化和新的开始。

最终，我们要学会与自己和解，认识到孤独是生命的一部分。

在人生的旅途中，我们是自己最好的朋友。独行在人生长路上，不妨和"阶段性朋友"和解，向内探寻自我的成长。

三、亲密关系的圈套

开始这一部分之前我想先让你做个小测试。

认真阅读每一条感受，在你的恋爱／婚姻关系中与之相符的感受前画一个"√"：

□双方缺乏有效的沟通，生活中常有误解和猜疑。

□沟通时常常伴随着争吵和指责，难以和平交流。

□一方或双方持续付出，却得不到相应的回报或认可，感觉情感被透支。

□得不到对方有效回应时，心理的不平衡感日渐增多。

□频繁出现矛盾和误解，开始对对方产生不信任感。

□开始怀疑对方的忠诚和真心，并时常为此吵架。

□为了维持这段关系，忽视了自己的个人需求、梦想和兴趣。

□进入这段关系后，自我价值感逐渐丧失，内心的不满和挫败感不断累积。

□关系中弥漫着愤怒、失望、悲伤等消极情绪。

□自己情绪消极的时候，经常会爆发争吵。

□为了满足自己的安全感需求，试图控制对方的行为和思想。

□过度依赖对方，失去自我独立性和自主性。

□彼此对未来没有明确的规划或目标不一致，缺乏共同愿景。

□彼此没有共同前进的动力和方向，关系停滞不前。

□陷入消极情绪时，很难自行摆脱这种负面循环。

□对方对你的消极情绪变得敏感，陷入"争吵—冷战—和好—再争吵"的恶性循环中无法自拔。

数一数，如果画"√"的超过六条，你很可能已经陷入亲密关系的内耗中了。

亲密关系具有双刃剑的特性，它既能成为心灵的慰藉，也可能转变为精神的负担。一段积极的关系能够提供支持和理解，而一段负面的关系则可能引发不安全感和精神上的消耗。

身心安全是情感交往的基石。一旦意识到所处的情感关系并不健康后，我们应当第一时间采取行动，及时止损。若伴侣的行为让我们感到紧张和自我价值被贬低，这往往是心理不安全的标志，提示我们需要重新审视这段关系。

一段标准的内耗式爱情通常会有以下几种表现：日益减少的信任感、极其脆弱的安全感、几乎偏执的控制欲、极易触发的攻击模式。

这些特征随着时间的推移，会逐渐侵蚀我们的情感价值，即使已无法因这段关系而感到快乐，双方也可能因种种理由而难以分开。

许多人渴望一段充满浪漫和幸福的恋情，希望在经历种种挑战后，能够与爱人共同享受甜蜜的生活。然而，现实生活中的爱情并不总是如童话般完美。很多人在爱情中经历了痛苦和挣扎，这种内耗式的爱情变得索然无味，却又难以割舍。

所谓内耗式爱情，是指双方或其中一方长期陷入无谓的猜疑、争吵、过度依赖或控制等负面互动中，导致双方的情感能量、个人成长和关系质量均受到严重损害的情感关系。然而，出于各种原因，他们依然被困在这段感情当中，勉强维持着一种亲密关系。这段关系对他们而言，食之无味，弃之可惜，于是日复一日地深陷其中。

有人说，在恋爱中，99%的人智商会下降。而陷入内耗式爱情中的人，可能99%的人情商会下降。要解决这个问题，往往要先从调整沟通方式、提升情商开始。

需要注意的是，陷入内耗式爱情的人，总有一方为了掌控伴侣，会试图实施精神操控。精明的操控者会用打一巴掌给个甜枣的方式一步步攻陷对方；手段不够高明的操控者则会时刻抬杠，无论什么话题，只要对方一开口他就处处否定对方。

但无论是何种方式的精神操控，一旦开始，就意味着双方的关系在不平等的歧途上疾驰了。倘若你是那个操控者，就更是在道德层面给自己戴上了枷锁。

另外还有一部分人很乐于在伴侣面前当个"懂王"，试图以此让对方对他产生崇拜或依赖的情绪。但人非完人，谁能撑起"懂王"这么大的一个谎言呢？

收起"懂王"属性，过分的科普欲并非自信，而是自卑的表现，热衷于"抢话筒"的行为，看似是权威者，实际上往往会成为话题的终结者，反而容易让对方关上心扉。

四、环境对精神的损耗

提到环境因素，我们总是会更多地关注到那些造成过度思考的经历或人生阶段，这也确实是影响精神健康状况的重要因素。精神病遗传学专家肯尼斯·肯德勒和他的团队在研究中发现，一件或多件使精神受到重大打击的事件很可能引发人们严重的抑郁与焦虑症状，如丧失亲友、交通事故、离婚或犯罪事件等。

而除了这些，让我们将视线转移到另一个方向——我们所处的外在环境。家庭环境或工作环境的空间构成，对我们的焦虑程度同样有着不可忽视的影响力。人在潜意识里会将环境与情绪联系在一起，环境承载着丰富的信息和刺激，这些信息和刺激能够触发我们内心深处的情感和记忆。

当我们置身于某种环境中时，环境中的色彩、声音、气味、温度、光线、布局以及周围人的行为和态度等都会成为我们感知和理解的元素。这些元素与我们的个人经历、文化背景、价值观和情感状态相互作用，从而在我们的潜意识中构建出特定的情绪氛围。

例如，在一个温暖而舒适的房间里可能会让我们感到放松和安心，而处在嘈杂且拥挤的环境中则可能引发我们的紧张和不安；一段熟悉的旋律或一种特定的气味也可能瞬间将我们带回过去的某个美好的时刻；柔和的灯光、沁人心脾的香薰、颜色温和的墙面等令人身心平静的环境因素，都有助于缓解焦虑或不安感。

环境不仅能触发人类相应的情绪反应，还能影响对他人行为的预测和解释。所以如果与你紧密相关的场所或环境显得凌乱无序，那么这会导致人们对你的评价更加负面。

这种环境对情绪和行为的影响是双向的：环境可以塑造我们的情绪和行为，而我们的情绪和行为也会反过来影响我们对环境的感知和解释。

因此，不单单是基因等内在因素在影响我们，我们所经历的糟糕过往以及所处的不安环境，都在悄无声息地影响着我们，使我们在面对压力时愈发敏感，出现精神内耗的概率就更高。

自我认知与精神内耗

在前面的内容中，我们聊了关于内耗情绪的产生不只是受基因等先天因素的影响，更是由人生经历与所处的环境等外在因素一并催发的。但是在对精神内耗这一庞大精神体系的理解和控制上，每个人的主观意愿也是不尽相同的。你会不会内耗，最重要的、最直接的因素并非前面提到的两点，你的认知方式、思维架构以及它们催发出来的行为，才起决定性作用。

举一个简单的例子，假设现在你面临一个极具挑战的工作难题，我们来看看不同的思维方式分别会得到什么结果：

采用积极的思维方式时，你可能会将其视为一次成长的机会：如果能完成，就能得到老板的赏识和奖金；如果不能完成，那也是一次宝贵的锻炼机会，是一个试错成本相对较低的考验。

采用消极的思维方式时，你可能会一直在脑中疯狂预演最坏的结果：如果能完成，则权当躲过一劫；如果不能完成，本就失落的情绪会被无限放大，将预演的最坏结果想象得愈加严重，然后久久难以恢复。

两者相比起来，后者显然会经历更多的精神内耗。

再比如，面对孩子偏科的问题，思维方式不同的家长的想法则天差地别。

采用积极的思维方式思考的家长，虽然也会担忧孩子文化课程的学习能力，但更多的是看到了孩子在其他方面的优势。出于这样的考量，他们可能会鼓励孩子往擅长的方向发展。

而采用消极的思维方式思考的家长，可能会因为孩子始终无法提升文化课程的成绩而焦头烂额，担心孩子就此落于人后，并把重点放在加强孩子的课外辅导或课余练习上。然而，倘若一直未能见到成效，他们可能就会开始寻找这件事的责任人，或者责怪孩子不努力，或者责怪自己没有教育好，并对此大发雷霆或是自怨自艾。

好心态决定人的一生。要知道，在基因影响和环境影响两个因素中间，有一个交叉点，那就是我们看待事物的方式。

面对同一件事，不同的人往往会给出截然不同的评价，就好似一千个人眼中有一千个哈姆雷特。如果你将某种新出现的状况视为威胁，而非机遇，那么它将会成为一把悬在你头顶的利刃，让你压力倍增。

此外，也有一部分人在面对压力时显现出了"低抵抗力"的状态。这部分人大概可以分为三类：

第一类，是高度敏感的个体，他们具有所谓"感觉处理敏感性"，这意味着他们对情绪和环境刺激（如疼痛、饥饿、光线和噪声）有着更为强烈的反应，并拥有更为丰富的内心体验。这类人可能更容易感受到精神上的疲惫。

第二类，是具有心理障碍的人，例如焦虑症、抑郁症、双相情感障碍患者。有时，这些个体的真实医疗需求可能被"精神内耗"这一流行术语所掩盖，他们可能需要专业医疗援助，但却试图自行解决问题。

第三类，是那些经常表示感到精神疲惫和生活无目的感的人。例如，许多人可能对参加研究生入学考试或公务员考试感到迷茫和焦虑，即使他们并不真正想这么做，但出于就业压力，他们还是选择了这条路。当这些人从事他们并不热爱的活动，或是在生活或工作中感到有压力时，他们内心可能会感觉自己的努力毫无意义，从而导致精神上的消耗。

不可否认的是，"低抵抗力"状态在年轻人中变得越来越普遍。

社会压力与个人期望的冲突

一、自我剥削的选择

2019 年时，有人在某个程序员聚集的网站上发起了一项名为"工作 996，生病 ICU"的项目，一时间引起不少加班人的呼应，员工们为了绩效工资加班加点的不在少数。某企业老板见状，发出了"996是福报"的反击，直接将"996"工作制推到了风口浪尖。

虽说很多互联网企业在 2021 年相继取消了"996"这种工作模式，但在一片欢呼声中，也出现了一些其他的声音。例如，有调查显示，某互联网大厂中有 30% 的人不支持取消"996"。

这让我想起两年前，曾经收到过一封读者的来信。他坦言，在日复一日的工作中，似乎已经找不到自己"原本的模样"了。

他是一名来自西南山区的年轻人，通过读书离开了那个养育了他数年的落后小山村。他也想过要出人头地，有朝一日衣锦还乡时，可以为家乡的进步出一份力。就就业业工作了几年后，收入还算可观，但是持续的加班让他逐渐失去了思考其他事情的能力。

他想去旅游，又怕在休假期间，公司安排其他人顶替自己，继而让自己失去工作；他想玩游戏，可下班时已是深夜，没有玩游戏的时间；他生病请假，输液的时候还要处理工作，生怕信息回迟了影响工作进度。

工作上，他积极主动，即使公司提供了假期他也无法安心休息，只能牺牲自己的生活去填补那些与工作相关的时间缺口。这种看似乐于加班、自愿加班的行为，实际是绩效主义驱使下的"魅惑拼抢"。

传统的雇佣关系被"魅惑拼抢"的竞争关系打破，劳动者从"他者异化"向"自我异化"转变，在"自我暴力"的强制袭击下，员工以更加自觉、积极、主动的方式进行自我压榨和自我剥削，乞求在非理性的竞争中保住自己岌岌可危的地位。

基于同样的原因，自我剥削在网络平台工作的青年网约工群体身上表现尤为明显，如快递员、外卖员、网约车司机、代驾等。一方面，平台对每一个网约工设置独立的打分系统并综合排名，确定派单的优先顺序和奖惩机制，以达到"算法约束"的目的；另一方面，网约工为了获得更高的积分和更好的收益，只能以超额的身体及精神的付出在既定轨道上奋力奔跑。

回想一下：你是不是也不止一次听到过外卖员为了按时送达订单而出车祸的新闻？

在这种大环境下，人很容易因为无法达到自己或他人的期待而陷入自我审判，而主要指控者往往是自己。

我的同事 A 小姐，在结婚后常常因为工作与家庭难以平衡而精疲力竭。她在对我讲述自己的困境时提出了这样的几点：

• 作为一名执业心理咨询师，无法平衡心态，无法将自己所宣扬的理论应用到实际中去。

• 每次接待不堪重负、寻求咨询的来访者时，很希望对方咨询的不是困扰我的问题，否则，总觉得自己像是个伪善的骗子。

• 我的工作是让别人走出困境，获得快乐，可我连自己都不快乐，有时候自己都不相信自己。

在这样的思维前提下，她也在自觉或不自觉中对自己进行了一系列的"惩罚"：

● 倘若工作中出现任何一点小误差，都会扩大失误的影响力，加倍自责。

● 不允许自己休息，即便是上厕所，也要等接待完所有患者再去。

● 告诫自己，只有当工作和生活都理顺了，自己才有资格去休息或享受生活。

● 拒绝来自任何人的赞美，获得升职机会后惶惶不可终日。

这种内疚感的出现不一定真的是因为自己做错了什么，更可能是出于"觉得"自己做错了什么。每个人对自己的要求和期盼不同，在自己能做到的范围内无法达到预设的高度时，内耗就会席卷整个思维。

这种情况更多地出现在完美主义者、安全感缺乏者等善于反省的人身上。就如同我的同事 A 小姐，对自己的焦虑情绪过分苛责。在做出这样的自我审判后，她自发地采取某些措施来作为"惩罚"，将"我对病人的亏欠"转化为"我配不上执业心理咨询师的职称"和"我实在做得太差了"的自我内耗。

选择和心态决定不同的人生轨迹。我们需要正视这些问题，并找到解决之道，以获得更健康的工作和生活方式。

二、"贩卖焦虑"的牺牲品

网络文化盛行，催生了一大批"贩卖焦虑"的社会热词。

举几个例子：关于身材焦虑，有"反手摸肚脐""锁骨放硬币""A4腰""耳机线缠腰"；关于工作就业，有"996""不吃不喝一百年才能凑齐买个厕所的钱""65岁退休"；关于婚恋问题，有"大龄剩男/女""天价彩礼""24孝老公/老婆"；关于孩子教育，有"学历贬值""教育竞争激烈""虎妈""狼爸""鸡娃"；等等。

随手一举，就能将你一生中的所有重要节点都涵盖，让你无论在哪个阶段都能顺利收获不同的"焦虑大礼包"。

一些无良自媒体以流量至上，助长焦虑与内耗情绪的蔓延。他们利用人类的攀比心理，大量撰写并转发诸如《你的同龄人正在抛弃你》《别让孩子输在起跑线上》《上流社会的边缘人》等文章，放大人们的焦虑与担忧，在刺激网民的痛点后，达到增加流量的目的。

从中甚至还产生了"营销号"和"水军"等一类专注于"把水搅浑"的工种，他们试图将流量推向更高的位置，让更多的人看到这些内容。这也导致一些缺乏独立思考的人在这种强势的舆论氛围中迷失方向。

"为什么我会不如别人？"

"为什么我没办法像别人一样努力？"

"如果换成他来做这件事，应该就能做好吧？"

"明明我已经这么努力了，为什么还是不尽如人意？"

在我们生活的文化环境中，有太多关于"应该成为什么样的人"的规训。要懂"仁义礼智信"，要谦卑，要忍让，要"知必行，行必恒，恒必达"。遵循着儒学的"金科玉律"成长的我们，对自己也抱有同样的高远志向，就算无法成为人中龙凤，也希望活成一个为人所称赞的好人。

可往往生活中就是有很多无奈，无法将这些规训一一践行。于是，在与别人的对比下，内耗就像沐浴过春雨的野草一样肆意生长。

同时，情感共鸣和身份认同也在推动这种"贩卖焦虑"的网络表达。面对人们普遍关心的"阶层固化""贫富差距"等问题，无良自媒体也会发布一些关于"星二代""官二代""富二代"的丑闻，或者"三年年薪百万"的成功学故事。

这就好像打一巴掌再给个甜枣子，让被焦虑、愧疚耗光耐心的人看到一次触底反弹的机会，满足青年人的心理补偿需求，同时用自嘲、反讽的方式继续传递焦虑，加深焦虑层级。

发达的网络让人们突破地域空间的限制，可以在网络世界中找到志同道合的人，通过"入圈"或"组圈"的方式来表达自己的焦虑。调查发现，有一些并不真正焦虑的人，为了避免在群体中显得格格不入，也会"跟风"焦虑，以求得一种身份认同，这被称为"伪焦虑者"。

三、阶层跃升通道萎缩

每年我都会接待几个因为毕业后难以接受工作现状而选择长期待业的年轻人。他们中不乏"211""985"学校毕业的高材生，在寻求咨询的人群中，这类高学历的学生甚至占有半数以上的比例。

学历即资本的逻辑深刻地影响着人们的思维，"学而优则仕"这一传统信条，至今依然被许多人奉为圭臬，人们将取得高学历视为改变社会阶层、提升社会地位的有效手段。许多人认为，名牌大学的学历就像是一张提升社会地位的"快速通行证"，好像只要学习成绩优异，就能自然而然地在社会中获得更高的地位。

这种被身份文化长期影响的心态，让当代青年在正式踏入社会之前，就已经开始规划自己未来可能的身份象征、经济收入、职业发展、社交网络和生活品质。

但实际情况却是，高等教育所培养的高身份预期与青年实际能够获得的工作机会之间出现了明显的不匹配。随着社会上升渠道变得越来越有限，依赖学历来提升社会身份的这一期望在现实生活中遭遇了挑战。这使得年轻人常常充满焦虑，进而引发了精神内耗。

今年年初有这么一个来访者，是一个二十多岁的小伙子。他胡子拉碴，穿着宽大得有些不合身的 T 恤和牛仔裤，看起来很不修边幅。坐下交谈后，才知道他毕业于复旦大学，高考那年还是他们省的文科状元。

他的问题比较严重，原本就有着不算太严重的焦虑症，在工作后惊恐发作（也称"急性焦虑发作"），在实在难以正常生活与工作后，他只能选择就医。

他对自己患有这个病症的了解，全都基于发作时自己难以控制的行为。

比如，正开着会，忽然手脚无法控制地颤抖，对待上台述职这件事焦虑到了极点，最后一句解释也没有，逃也似的冲出了会议室；比如，出差坐飞机去外地，一想到落地要面对客户就恐惧到极致，眼泪开始扑簌簌地往下掉，为了不让同事看到自己的丑态，跑去厕所里躲着偷偷哭了一整个航程；再比如，下班路上，想到母亲在家为自己做好了饭菜，等着自己，忽然心中一凛，只好找个无人看到的角落蹲着，思虑再三后，发了个信息告诉母亲自己要通宵加班，实际上那天晚上他坐在公园的角落里，抖了一整晚。

类似的事情在日常生活里频繁出现。我渐渐察觉他的敏感点似乎是上班和母亲。在循循引导下，他也讲了一些关于母亲和家庭的事情。

由于出身农村，父母都是务农的，为了孩子能够出人头地，他们家也跟村里的其他家庭一样，遵循着只要考上好学校，就能实现阶层跃升的朴素理论。家里将几乎所有的资源都倾注到他身上，为了让他考上好大学，整个家庭付出了异乎寻常的努力。

比如，为了得到更好的教育资源，小学三年级就费力将他送到好一点儿的镇上的学校，母亲甚至牺牲自己打工挣钱的机会去陪读。自那以后，母亲就跟随着他上学的脚步，去学校附近打工，成为被动意义上的"农民工"。

他苦笑着称："家里一直是以自己的读书为中心的。"

学习多年后，他也不负众望地考上了复旦大学。那时他满怀憧憬，认为只要拿到毕业证，出去就能成为都市精英，哪知世界变化这么快，入学时还觉得是热门的专业，拿到市场上一比，似乎也没什么太大的竞争力。

他不愿去那些普通的小公司，也不想投入精力去做那些一眼看到头的工作。在挑挑拣拣了半年后，同学们都已经拿到实习证明，他却还没拿到一份 offer（录用通知）——他心仪的大厂并未向他伸出橄榄枝。

为了顺利拿到实习证明，他不得不降低标准，找了家规模不大的初创企业上班。可即便在这个他曾经看不上的工作环境中，同事们的能力和老板的要求依然让他感到难以应对。这就像是一记重锤，将他钉在他自己建造的耻辱柱上。

此后，他逐渐将这些事情归咎于自己不够优秀的专业成绩和才能，归咎于自己不够耀眼的外表，归咎于无法为自己提供更多帮助的家庭。但每每回家看到母亲那充满期待的眼光，他都感到无力应对。也因此，只要一谈到工作或是母亲，他都会想到失败的"阶层跃升计划"，觉得他曾经的想象是多么可笑。

有一些年轻人怀揣着对社会地位较高的期望，但现实工作中，他们发现这些期望与实际从事的职位之间存在明显的差距。

随着社会上升通道的收窄，仅凭学历提升社会地位的传统途径受到质疑。一定程度上，"精英循环论"可以解释这个现象，该理论认为精英阶层通过各种机制保持其优势地位，阻碍了社会下层的向上流动。

大量实证研究指出，近年来，精英阶层利用其掌握的丰富资源，为其子女提供了代际优势传递的保障，这使得高等教育在提升个人社会地位和促进社会阶层流动方面的作用正在减弱。

此外，随着高等教育的大众化和普及化，学历的普及导致文凭的硬通货价值不断降低，引发了学历价值的通货膨胀现象。这意味着，即使拥有高等教育学历，也不一定能够保证获得预期的社会地位和职业成功。

谈到急性焦虑发作时，这个才华横溢的年轻人给出了他的看法。他认为自己就好像跟一只小老虎生活在一起，每当它想咬人的时候，他就得扔出一些东西给它，这样才能让这只小老虎暂时饶过他。于是，在小老虎再次感到饥饿之前，他得以短暂地获得喘息的机会。然而，他也不得不准备好割舍掉一部分东西，在小老虎张开血盆大口时喂饱它。他觉得喂给老虎的东西，是他的自负、他的自由、他的生存意志、他生活的意义。

四、喊着"躺平"，实则焦虑

当"躺平"和"摆烂"语录充斥在青年人的社交网络时，实用至上的思维便在日常生活中渐渐渗透、日益扩张，甚至成为衡量一切的主导性思维。

在科技高度发达与物质水平高涨的现代生活中，实用至上和物质至上的价值观也在影响甚至主导着人们的思维——它们淡化理想信仰，注重实用务实；忽视形式规则，追求实际结果；轻视集体价值，追求个人利益。

基于当前的社会现状和个人价值实现的困惑，部分看似主动选择"躺平"的年轻人，实际上是在无奈与彷徨中，不得不迈向这条看似精神压力稍小的路。他们面临着就业难、生活成本高、社会阶层固化等问题，这些问题加剧了他们的焦虑和无力感。

他们选择"躺平"，实际上是在用一种看似消极的态度来对抗社会压力，表达对现实的不满和对未来的迷茫。他们中的一部分人选择"躺平"作为一种新的生活态度和应对策略，这是当代青年对快节奏社会生活和高度物质、精神压力的一种思想层面的反映。

面对压力，人们产生逃避心理也无可厚非。但在资本加持和个体心理的推波助澜之下，泛娱乐化趋势利用新媒体技术在社会中迅速蔓延，为青年人塑造了一个他们内心深处极度向往但又难以在现实生活中实现的精神乌托邦。这不仅为宣泄情绪和逃避压力提供了出口，也让一些人在虚假的自由幻想中迷失自我，放弃了对更高层次价值的追求。

"躺平"这一现象在年轻人中引起了强烈的共鸣，它被视为对"内卷"文化的反抗和对"996"工作制的有力抵制。作为一种社会情绪，"躺平"不仅是对过度竞争和无效努力的反思，更是年轻人在探索个人价值过程中精神内耗的显性表达。

将内耗标记出来，是自渡的第二步

人生旅途漫漫几十年，我们可能没办法做到精准控制内耗情绪在何时何地涌现，以往，你可能只能任由其肆意发展，影响你的人生轨迹，但这不是唯一的选择。

当意识到内耗的念头冒出来时，正确的做法不是忽视它，而是要勇敢地与之对话："我知道你的存在，但我不会听命于你，你无法左右我的选择。"

人们在面对消极情绪时，往往会因为一时的感性做出冲动的反应。社会心理学家马修·利伯曼在研究中发现：在情绪发生与做出决定之间，如果能暂停五秒，做出来的决定将会大不相同。这位社会认知神经科学领域的权威学者将这个现象称为"情绪标签"。

马修·利伯曼采用功能性磁共振成像技术开展了一项关于大脑的研究。他发现当人们对情感做过标记后，大脑情绪中心的活动减少了。这意味着，当消极情绪出现时，你为它贴上标签的这几秒，就像是停下来与它对视，这可以有效打破人类在面临战斗时下意识逃跑的反应。

同样，当意识到内耗的情绪出现时，我们可以下意识地提醒自己，为它打上一个标签，将它标记出来。这个动作可以创造一个情绪缓冲区，让你有机会用更理智的方式来解决问题。

因此，我希望你能花点时间，整理出属于自己的"内耗清单"。在列举的过程中，你会看到生活中最需要克服的内耗究竟有哪些，最需要放下的执念到底是什么。

列出你的"内耗清单"——

Tips：

我明白，现在你可能有一箩筐的事情想要写下来，不光是你，我也一样。但是现在，我希望你能在这杂乱无序的千百件事情中，挑选出最能影响到你的三件事，它们需要符合这两个条件：

1. 让你感到焦虑且难以释怀；

2. 正在窃取你的快乐和安稳生活。

开始动手写之前，沉下心来思考一下，确保这张清单上的内容都是你的"内耗触发点"。沿着这个方向，你将会在后续的内容中找到属于你的解决之道。

"内耗清单"：

1.＿＿＿＿＿＿＿＿＿＿＿＿＿＿＿＿＿＿＿＿＿＿＿＿＿

2.＿＿＿＿＿＿＿＿＿＿＿＿＿＿＿＿＿＿＿＿＿＿＿＿＿

3.＿＿＿＿＿＿＿＿＿＿＿＿＿＿＿＿＿＿＿＿＿＿＿＿＿

第二章

自我察觉与分辨

第一节

内耗者的思维模式

来访者：

因为我的缘故，身边的人过得不理想，

我深感愧疚。

太希望自己可以做更多事情，

来弥补他们因为我而缺憾的人生。

我：

在讨论你的愧疚之前，

你能否说出你的"过错"具体指的是什么？

倘若你无法将你的"过错"与他人的失意建立联系，

那你应该考虑是否已陷入了虚假内耗的漩涡。

令人振奋的是，已有行为认知研究表明，思维的转变确实可以带来情绪的转变。同时，情绪调节策略，尤其是认知重评，能有效减少个体的负性情绪体验。这也就意味着，当你意识到自己可能错误地将某些行为解读成损害他人利益的行为时，你可以尝试重塑自己的思维，用另一种更客观、更准确的评判方式来看待自己的行为。

改变想法，就可以改变自我判断，进而改变自己的感受。

内耗就如同我们的其他情绪一样，来自内心深处的某种感受，这种感受则是来源于我们对某件事情的解读。内耗之所以为内耗，往往是因为我们过于武断的自我审判。你对事情的每一种感受，都像是参加这场庭审的陪审团成员，它们共同影响着最后的判断结果。

更具象化一点儿的表达是，内耗可能源于你认为自己的行为对他人造成了不良影响，或是你的行为让他人对你的评价趋向负面。本质上来说，内耗就是你对某种困境的主观解读。你认为困境是由自己造成的，所以需要承担由此带来的负面情绪与负面影响。

在我接触到的案例中，由于内耗而做出损己不利人的情况比比皆是。他们或是焦虑，或是愧疚，每一个案例中的当事人在叙述过程中，不论有意无意，都透露出自我抑制的情绪。

拥有的比别人的多

A 小姐三年前加入现在的这家公司，带着过往积攒下来的人脉和资源，在销售主管的岗位上兢兢业业，每一年都为公司创造超出预期的好成绩。A 小姐很热爱这份工作，虽然压力很大，但是不需要坐班和打卡，工资在业内也处于合理的范畴。然而，A小姐的工资已有两年没有任何提升了。

我问A小姐为什么不向老板提出涨薪的要求，A小姐是这样回答的：

"我在公司里的工资已经算是比较高的了，虽然我也挺忙的，但是公司里比我忙的人还有很多，再要求涨薪，总觉得会显得我很不知足。而且老板对我也蛮不错的，公司的发展前景也很好，我担心现在提出这种要求会影响老板对我的评价。"

因此，A小姐始终不敢提出涨薪的要求，仿佛这是个天大的难题。

从A小姐的视角来看，她认为自己不能开口要求涨薪的原因有三个：

一是自己的工资在公司里已经属于较高等级；

二是比自己忙碌的大有人在，所以自己没资格提涨薪；

三是老板对自己蛮好的，所以要求涨薪显得自己不知好歹。

在某种层面上来说，内耗者秉承着"严于律己，宽以待人"的原则，从A小姐认为的"自己的工资比别人的高""别人比自己工作忙""老板对我不错，我不应当提出太多要求"这几点可以看出，她对自己目前所得是有着自己的判断的。她的判断是"我拥有的比别人的多"。

这种心态抑制着她的行为，并将其带入一种不平衡的心理状态。

但如果 A 小姐能换个视角来看，她可能会发现：

自己的工资高于其他人的，其实是因为她为公司创造的收益高于其他人创造的；虽然自己在公司并不是最忙碌的，但这并不影响她为公司带来超预期的收益，以及别人无法带来的资源；老板对她的好，是基于她的工作能力，以及她为公司创造的高效益。

从这个角度来看，A 小姐要求涨薪这件事是合情合理的。

A 小姐的担忧，实际上是一种内耗情绪的体现。她将自己与他人进行比较，从而产生了一种"我不应该要求更多"的心理暗示。这种心理暗示让她在面对合理的个人利益诉求时感到犹豫和不安。然而，她如果能够明确自己的价值和对公司的贡献，就会意识到，提出涨薪是自己的合理期待，而不是一种贪婪或不满足的表现。

内耗情绪往往源于我们对自身价值和能力的低估，以及对他人评价的过度敏感。A 小姐的例子告诉我们，改变对自身和环境的认知，可以从内耗的困境中解脱出来。她需要学会的是，如何客观地评价自己的工作和价值，以及如何在尊重他人和维护自身权益之间找到平衡点。

做得不够多

在成为母亲后，B 女士为了更好地照顾孩子，主动辞去忙碌的高薪工作。孩子是早产儿，体质相较其他足月的孩子的更弱一些，稍有点儿风吹草动就生病。B女士的敏感神经在生下孩子后被全面激活。为了更准确地了解孩子的健康状况，她在两年内写下了长达十万字的育儿日记，里面详细记录了孩子的每一个喷嚏和每一声咳嗽，精准跟踪孩子每一天的饮食、睡眠等生活习惯。

即使如此，B女士还是常常自责，觉得对不起孩子，她认为当时自己疲于工作，导致孩子早产，才让孩子至今都在遭受疾病的折磨，现在自己做的这一切还远远不够，远远无法弥补对孩子的亏欠。

B女士常挂在嘴边的话是"都怪我怀孕的时候没好好照顾孩子，是我的疏忽害了孩子一辈子"——她指的是孩子的体质不如别人的。

聊天中，B女士也说过，孩子现在只能吃她做的食物，零食基本没碰过，油炸、膨化、冷冻的食物更是别想进孩子的嘴。已经上小学的年纪，孩子甚至不敢用冷水洗手……

孩子上学后性格内向，朋友不多，成绩中等，B女士将这些也都归罪于自己对孩子的辅导不够。为了让孩子不落后于其他同学，她将孩子的课余时间安排得满满当当，期望可以用这样的方式，更好地履行她作为母亲的职责。

要是只听B女士描述，你可能会觉得她的孩子生活在水深火热中。但其实她的孩子现在已经考上一所不错的大学，并且彬彬有礼，对妈妈也温柔体贴，最近正在打暑假工，并将妈妈，也就是B女士送来做心理疏导。

即使孩子因为 B 女士"母亲的职责"而感到心累，B 女士也很难意识到自己做得已经足够多，大约永远都会觉得自己还能做更多。

B 女士的这种心态，实际上是一种过度责任感的体现。她将孩子的所有不足都归咎于自己，而忽视了孩子本身的成长和适应能力。在她的内心深处，可能存在着一种对完美的追求，以及对失败的恐惧。她害怕自己的疏忽会对孩子造成不可逆转的伤害，因此她不断地给自己施加压力，试图通过无微不至的照顾来弥补所谓"不足"。

B 女士需要认识到，每个孩子都有自己的成长路径和节奏，父母的职责是提供支持和引导，而不是完全替代孩子去体验生活。她应该学会放手，允许孩子犯错，让孩子从错误中学习和成长。同时，她也需要认识到自己的价值不仅仅在于对孩子的照顾，她作为个体，也有自己的需求和愿望。

做错事了

"错误"这个概念来源于人们的判断，自认为错误的事情，并不一定就是错的，但只要个人已经认定是"自己的错"，那么就很容易引起内疚情绪，并导致补偿行为。

C 先生的妈妈就是一个非常极端的自我认知为"自己的错"的典型例子。

在年少时，C先生妈妈的姐姐为了家庭放弃了上学的机会，早早赚钱养家，供其弟弟妹妹上学。C先生的妈妈深感对姐姐有所亏欠，在成年后倾尽所有帮助姐姐。

　　她会毫不保留地将家里仅有的存款借给姐姐盖房子；她会为姐姐的子女长远打算，从读书到就业再到成家，每一步都未曾落下；她甚至在姐姐离婚后，大方地将家里的另一套房子借给姐姐居住，而这套房正是C先生购入准备用作婚后居住的新房。

　　在成长的过程中，C先生目睹了妈妈一次次自我牺牲和全力以赴地对她姐姐家庭的帮扶，这种看似和睦的相处方式，带给C先生的是母亲对自己一次次的忽视和情感上的辜负。但只要C先生表达出自己的不满情绪，妈妈就会怪他不够懂事，她的理由也多年未变：

　　"为了我，你大姨放弃了拥有更好的生活的机会，她把机会留给了我。是我对不住她，所以我需要加倍地帮助她改善现在的状况。你是我的孩子，你也应当跟我一样，帮助你大姨和她的孩子们。"

　　所以当C先生来找到我的时候，他向我表达了他内心矛盾的感受——他认为自己不应当付出那么多，也不认为妈妈的所谓亏欠的理由合乎情理。但是从小到大，母亲对他的教导又让他认为自己的不满情绪是件"错误的事情"。于是，他在"自己确实做错了"与"这种'亏欠'真的需要我付出这么多来补偿吗"之间徘徊不定，情绪难以平复。

"正确"和"错误"的概念与一个人的价值观直接相关，而价值观的形成又与个人的成长经历、崇尚的信仰、接触的文化相关。

　　在 C 先生眼中，母亲的姐姐在放弃读书时已经成年，她有自己的判断能力，根本无需自己的母亲倾尽所有地付出，甚至是将自己的财产转赠他人。

　　而在 C 先生的母亲眼中，她的姐姐在单亲家庭中帮忙拉扯着弟弟妹妹长大，作为受益的一方，自己能有今日的生活全部仰仗姐姐当年的无私奉献，倘若没有自己，姐姐也不需要小小年纪就赚钱养家，也不需要为了生活嫁给大龄丧偶男。为了弥补自己给姐姐带来的"苦难"，她只好多去照顾姐姐的子女，让他们有更好的条件去照顾他们的母亲。

　　说到底，C 先生的观念不允许他认同母亲的做法，但是他又感到内疚，内疚自己没办法无条件听从母亲的想法，他觉得自己错了，但他的价值观导致他无法全然自洽。而 C 先生的母亲也在内疚，她内疚的是自己的出生为姐姐带来了负担，但是这个"错误"她无法改变，只能年复一年地过度补偿，甚至拉上自己的丈夫和儿子一同来为她的"错误"买单。

　　这样的"错误"，你认为是真的错了吗？想必你也会觉得不尽然吧！

　　受到不同价值观的影响，你眼中的错误，在持有相反价值观的人看来，可能就是正确的。同样，其他人眼中认为错误的东西，在你眼中未必就是错的。

　　另外，从社会层面上来说，错误的标准是由法律和制度，或是当权组织的准则来决定的，所以倘若你违背了这些准则，不论你是否认为自己犯了错，你都可能被视为过错方，因为这时候是否犯错已经上升到由更大的体系来判定了。这也是为什么一些反社会性人格的人在犯下重案、要案后依然不觉得自己有错——他们的价值观决定了他们的自我判定标准，即使被别人指责为错误，他们也不会觉得自己有问题。

虽然没做过这件事，但想过且想做

你可能也有过这种情况：在某一个瞬间，忽然开始反思某件事，尽管你没有做出任何不恰当的行为，但你还是会开始假设，某一个动作、某一句话可能冒犯了别人，并因此陷入反思和焦虑。

这些情况可能出现在生活中的任何环境中：

可能是你在一次聚会上说了一些话，事后你开始思考自己是否说错话而冒犯别人；

可能是你在工作中提出了一个想法，但这个想法没有被采纳，你开始想象如果自己表达得更清楚或更有说服力，结果会不会不同；

可能是你与朋友或家人发生一次争执后，你开始想象如果你当时采取了不同的行动或沟通方式，情况会不会有所改善；

可能是你一直想帮助一个需要帮助的人，但由于某些原因未能采取行动，事后，你开始想象如果你当时采取了行动，情况会如何；

可能是懊悔自己没有投资某个产品，或者没有节省开支，即使你实际上已经做出了明智的财务决策；

可能是你在某个关键时刻没有抓住机会，比如没有向心仪的人表白，然后开始想象，如果自己当时更勇敢，结果会不会不同；

…………

以上的每一个案例，都是我在这些年的工作生涯中遇到过的情况。这在心理学中通常被称为"反事实思维"，这个概念涉及了人们对过去事件的思考，特别是关于如果情况不同会发生什么的思考。上面举出的例子展示了反事实思维在不同领域中的表现，以及它是如何影响个体的情绪和自我认知的。

察觉是否陷入内耗者思维模式，是自渡的第三步

不得不承认，上面提到的认知并非全都是有意识行为，相反，大多数时候思考是人们不自觉产生的。内耗者的反事实思维会在原有概念的基础上，再增添一部分自我谴责的内容。你可能会想象自己渴望某些东西，或者想象自己做出了违背价值观的行为，当你意识到这些想法时，你可能会对自己的"出格"的想法感到羞愧，会因为自己出现过这样的想法而焦躁。除此之外，如果你有意做一件好事，但由于某些原因未能实现，你也可能会遇到类似的情绪困扰。

第二节

行之有效的自我剖析

来访者：

> 我不清楚自己为什么会有惩处自己的想法，
>
> 大约是来自身边人的看法，
>
> 大约是来自从小习得的价值观。
>
> 我总会在事情发生的第一时间，
>
> 就将自己抛向深渊，
>
> 不管过错方是否真的是我。

我：

> 无论身体或是心理，
>
> 想要健康就必须先了解自己。
>
> 花一些时间对自己的思维进行一个大起底，
>
> 才能在此基础上搭建思维高塔。

精神内耗就像是高中数学考试中最后的那道附加题，困难且看似无解，很多人在碰到这道看起来难于登天的题目后第一反应就是放弃、忽略，"只要我不去看它，就可以假装它不存在"。

但你心里明白，这是不可能的。

内耗跟手机里后台运行的 App 一样，无时无刻不在消耗电量，只要不关闭，就会越来越嚣张地偷电。

因此，必须解决，越快越好。

虽然内耗就像数学附加题一样难，庆幸的是它也像数学附加题一样可以根据特定的解题步骤，一步步解开束缚，释放被长久压抑的心。

现在，我会先为你展示解题思路，而你要做的，是给自己一个相对舒适的空间、一个无人打扰的环境，坐下来清空脑海中乱糟糟的思绪，跟随步骤进入解题模式。

自我剖析全流程

知己知彼，方能百战不殆。如果将内耗看成一个需要攻克的劲敌，那你首先要做的就是了解它，从而找出应对的方法。

在自我剖析的过程中，我会在每一个步骤中给出引导方向，而你需要顺着这个方向，获得你内心深处认可的答案。

注意，在开始之前，你可以试着进行五至十次深呼吸，让情绪保持平和，然后诚实地面对自己。

步骤一：找出你的"内耗触发点"

所谓"内耗触发点"，指的就是那些每次遇见，甚至是想到时，都会让你的内心无比焦躁、自责、难以释怀的情景。暂时无需考虑这些情绪出现的情况是否合理，仅从感性的角度出发进行判断。你可以参考上一章结尾你自己写下的"内耗清单"，详细描绘触发你内耗感受的场景。

步骤一的目标是将这个场景在你的脑中贴上标签，以便在下次遇到时，大脑能够迅速将它归类进"内耗触发点"，从而提高个人意识。贴上标签后，在感性冲动做出决定前，能有几秒的暂停，让理智回归，避免你做出自毁式抉择。

步骤二：自我审视与自我对话

这一步需要你来给自己写写评语。每次遇到"内耗触发点"时，你对自己说得最多的话是什么？你可以将自己放在讲述人的位置，同时也将自己放在倾听者的位置，将自己的想法说给自己听。选择一个具体的点展开表述，例如：

- "事情发生的时候，我已经尽力而为了。"
- "在那个环境中，我学到了很多，并没有浪费时光。"
- "过去愚蠢的我做了错误的决定，但现在有新的机会，我要尽可能明智地抉择。"
- "我那时候懂得太少了，做了很多错误的决定。"
- "我总是因为这种事情栽跟头，我明白自己在这方面不擅长。"
- "如果能早点意识到事情的真相该有多好，就不会有这么可怕的念头了。"

我们的脑海中总会被塞满各种各样的想法，有些能帮助我们从原有的混沌思维中挣脱，有些却伤人伤己，成为内耗情绪的养料。无论这些想法是好是坏，我们首先要诚实地面对它们。你可以拿笔将它们写下来，这样会更直观地看到自己的感受。

同时，在袒露心声后，我们需要尽可能公正地审视这些想法，判断它们的准确性、真实性。倘若并不是你的真实想法，那些内容应当删除并重写。

步骤三：修正虚假的想法

要知道，你的每一个想法、每一次决定，无论多微不足道，都会对之后的生活产生影响，这正是"蝴蝶效应"。认清自己的真实想法，是为了让你所做的决策更加准确。

自我剖析的目的是让自己更清晰地认识自己，你无须有心理负担或顾虑，你所表述的东西只有你自己知道。只有用事实说话，才能组成坚实的盾和锋利的矛，在外敌入侵时才能用盾抵御，用矛出击。

重新审视你在步骤二中的想法，是不是真实只有你自己清楚，这一步则是重新给自己一个机会，将那些并非真实的想法从你的笔记上剔除出去。

步骤四：列出证据以强化思维

经历了前面的步骤，想必你对自己列出的自我表述的真实性应当有了足够的信心。那么，我们将在这一步对你的自我评价与表述做出最后的举证——用事实说话。例如：

- "我的孩子虽然成绩并不拔尖，但是他性格温和、彬彬有礼，从不妄自菲薄，起码在孩子的精神世界的建设上，我是一个合格的母亲。"

- "虽然没办法让我的姐姐一家大富大贵，但是我给她的孩子交学费，帮助他们家翻新旧房子，在我能力范围以内，已经尽可能地改善他们的生活了。"

- "虽然工作时我不如其他同事忙碌，工资也远高于他们的，但是公司每年的收益有 30% 来源于我的销售能力和人脉资源，所以我要求涨薪并不过分。"

这个证据既要源于现实，也要能够让后续的思维强化。这种自我剖析的过程并不简单，有些人需要在经历过很多次的自我问询后才能确认内心深处的真实情感。

主动进行自我剖析，是自渡的第四步

看清自己的内心也并非故事的终点，你可能会因此欢笑或流泪，也许会因为情感释放而感到解脱，也许会因为冲破固有观念而感到惊奇……直面内心的不平静，终将让你摆脱自我精神禁锢。你的生活由你自己看待事情的方式和解释事情的角度构成。你的想法决定了你如何看待事件的发生原因和发展，也影响了你的决策。如果你坚持认为自己有错，即使你没有犯错，你也可能会感到羞愧，认为应受惩罚，或者出现补偿甚至过偿行为。

这套自我剖析法就像是一种工具，它能够在大多数情况下让你正视内心。当你感到自己深陷内耗（尤其是虚假的内耗）时，你可以反复使用这一工具，挖掘自己最真实的想法。

第三节

你不是真的在内耗

来访者：

我总是习惯性地将问题归咎于自身。

在历经无数次愧疚和懊恼的煎熬后，

渐渐发现有些事难以做到并非因为我的无能或失误。

我：

分辨这些情绪是惯性使然还是真的违背价值观，

才能将问题彻底解决。

生活中，我们耗费在内耗上的精神能量大得惊人。我们可能因为家庭或事业上的妥协而难以释怀，可能因为玩游戏浪费了宝贵的时间而感到难堪，也可能因为没有在家庭中扮演好自己的角色而羞愧，甚至因为在路上没有给遇到的拾荒者提供帮助而感到愧疚……

这种即使没有真的做错什么却产生愧疚、焦虑的感受，就是我所说的"虚假内耗"。

陷入虚假内耗时，它带给你的压力是真实存在的，令人疲惫的内疚感是真实存在的，令人焦躁不安的情绪也是真实存在的，但唯一虚假的是你压力倍增、愧疚自责、焦虑难安的原因——事实上，你可能压根儿就没有错。

你是否陷入了虚假内耗

就像前面我们说过的，"错误"是相对于个人的价值观而言的，有的人犯了错却浑然不觉，而有的人没有犯错却感到不安，这似乎是内耗者常常面临的困境。这种虚假内耗会导致自我伤害、人际关系失衡，同时会产生较低水平的焦虑。就是这种焦虑让你觉得自己"应该做得更好""应该更清醒一点""不应该犯这样的错误"，但实际上你可能已经达到了自己的极限。

它让你越是深入探讨自我，就越是自责，因为无论你将"正确"的标准定在哪里，注定是你无法达到的高度。这种感觉，就是虚假内耗在作祟。

不可否认，生活中我们当然会有做错事情的时候，我们会因此而深受内心的谴责，这样真实的内耗是切实存在的，这也是我们必须要面对并积极解决的问题。

例如，因为孩子不听话，你气得大喊大叫，吓到了孩子；例如，因为在最好的朋友生日那天你忘了跟她说上一句"生日快乐"；例如，因为你的疏忽，整个部门的人加班加点完成的方案被甲方全部推翻……这些都是真正的错误，会引发真实的内耗。

相比之下，虚假的内耗则会让你产生一种虚无的感觉。就像你去买奶茶，店员因为疏忽忘记将吸管放进袋子里给你，而你去找店员要吸管时，可能他略显不耐烦的表情会让你下意识地就说出"不好意思"或"对不起"。尽管提供吸管本就是店员的责任。

我们在道歉时，会下意识地觉得是自己给别人造成了困扰或伤害。下一次再听到自己道歉时，不妨先问问自己：我真的造成什么麻烦了吗？这些麻烦是因我而起的吗？如果答案是否定的，那么就该考虑考虑，除了"对不起""不好意思"之外，应该还有更适合的词可以用在当下场景。

虚假内耗总能在你耳边不停地絮叨，指责你做得还不够好。这时你要做的，就是再次梳理自己的价值观与期望，明确自己的行为和思想，允许自己存在一些不完美，然后拒绝那些毫无意义的指责。

当内耗看起来真假难辨时，你可以这样做

我们都是普通人，不可能事事做得完美。

从小习得的价值观让我们拥有了明辨是非的能力，多数时候，

内心煎熬是由于我们的行为与价值观相悖，对由此产生的连锁反应感到懊悔，甚至是预感可能会出现后悔情绪时，内疚感会像个卫士一样冲出来，阻止我们去做那些将来可能会后悔的事情。

然而，这样的内疚并非全然消极，倘若你真切地意识到自己的行为伤害到别人，或是真的做错了，内疚的反应便是对错误的及时警醒。但同时，长期沉浸在这种情绪中也会让人身心俱疲。因此，你需要学会走出内疚的情绪，方法唯有一个，那就是诚实地面对自己的内心。

为了克服真实的内疚，我们需要心怀真诚地去弥补犯下的过错；为了克服虚假的内疚，我们需要摒弃那些让你追求完满的要求。如果你实在难以判断在某件事上自己是否有错时，你可以利用前面的自我剖析法来进行判断。

接下来，我以咨询者小 A 的案例作为示范，将自我剖析法运用到现实案例中。

小 A 是个从小镇出来的姑娘，她聪敏且努力，身上有一股不服输的劲儿。从读书到工作，她的努力切实为自己换来了美好的人生——好名声与高收入。然而，在与妹妹小 B 的关系上，她却遇到了难题。

有段时间，小 A 得到了非常难得的驻外工作的机会，在异国他乡的日子里，她体验了很多的新鲜事，拍了很多好看的照片发在家庭群里。事情的导火索也来源于此。

一次，妹妹小 B 在小 A 再次提到自己的有趣经历时忽然爆发，大声指责小 A 为什么总是开口闭口都是自己那些事，认为小 A 瞧不起她，同时武断地认为小 A 觉得她读了那么多书却成了家庭主妇是对不起父母。

我问小 A："你说过这样的话吗？"

小 A 沮丧地告诉我："我回忆了很久，我真的没有说过这样的话。"

小 A 感到很委屈，她认为与家人分享自己愉快的生活和不错的工作，不是再正常不过的事情吗？

小 A 认为小 B 之所以有这样的反应，是因为小 B 缺乏安全感。这来源于小 B 跟她一样也考上了很不错的学校，甚至读完了硕士，最后却因为要成全丈夫心中完美的家庭而放弃了自己的事业，工作经历出现了这么长时间的空白，想要重回职场恐怕也很难找到满意的工作了。小 A 还说，虽然小 B 后来声称自己很愿意当个家庭主妇，但是小 A 怎么也不相信这是真的。

我问："这是小 B 跟你说的吗？"

小 A："是的，从小到大，她都是踌躇满志的，甚至父母都觉得她会在事业上比我更有出息，结果后来结了婚，她忽然就说想要成为全职妈妈……确实，我父母对此是蛮失望的，他们作为普通农民，要供养两个孩子上完硕士是很不容易的，他们之前为我们感到骄傲，但是现在跟亲朋好友讲的时候，就比较少提到小 B 了。"

我问："那是不是你们在交流的过程中，你的某些表达让她感到不舒服了呢？"

小 A 停顿了一下，道："有可能吧，也许我在无意间说了些让她不舒服的话。"

小 A 因为过多地谈论到自己的工作让小 B 感到不适，这激发了小 A 的内疚情绪，导致她不再在家庭聚会的时候谈论自己，但是这也让她不太好受。

我问："那有其他家人说你讲太多关于自己的事情了吗？"

小 A 找了机会问了问其他家人，其他人并没有出现像小 B 一样的情绪。大家都很认可小 A 的工作能力，并为她目前快乐的且朝着目标前进的状态感到骄傲。

在认识到这些情况后，小 A 也找到了与小 B 相处的方式——她会更谨慎地对待与小 B 的交流，不会主动向小 B 提及自己的近况，但也不会对她有所隐瞒。同时，她也会尝试去理解小 B 的感受，以增进姐妹之间的感情。

用自我剖析法来应对虚假内耗的效果是即时可见的。根据上面的对话，结合自我剖析法，我们可以得出以下结论：

步骤一：找出你的"内耗触发点"——妹妹小 B 指责小 A 过多地讨论自己的工作和生活。

步骤二：自我审视与自我对话——小 A 确实没有觉得自己说太多。

步骤三：修正虚假的想法——小 B 的指责让小 A 一度因为愧疚而不敢再同家人说太多自己的工作和生活；通过交流，小 A 意识到自己并没有为其他家人带来困扰，她可以继续与家人谈论工作生活；

小A也意识到与小B讨论这些话题会让她情绪焦虑，这是小B的问题，而非自己的过错。

步骤四：列出证据，强化正确思维——小A向家人问询时，并没有人觉得她表达欲过分旺盛，也并没有人因此感到不舒服，这让小A打开了心灵枷锁，明白了自己不应该因为小B的指责而内耗。

通过这样的自我剖析的过程，小A不仅解决了与小B之间的内耗问题，也对自己的生活有了更加清晰的认知。

真实内耗消除法

在上面这个案例中，小A在与妹妹小B的沟通中表现出了优越感，这是事实，她由此产生了内疚感，进而引发真实内耗的出现。

消除真实内耗的最优解，就是承认并弥补自己的过失。

在这个案例中，我鼓励小A坦诚地交流，在行动上做出改变。小A的做法是与妹妹小B去了一家她们都很喜欢的饭店，在舒服的环境中，小A向妹妹解释了自己的行为，告诉她自己认真思考过她的指责，为此向妹妹道歉，也表达了之后不会再说类似"对你很失望"的言论。

妹妹有她想要的人生，她在现阶段的改变与心态都是她自己的选择，小A决定尊重妹妹做一名为家庭默默奉献的全职主妇的选择。

妹妹小B在这次交流中也为自己指责姐姐的行为道歉，她认为自己在经历了从妻子到母亲的转变后，对家庭的重视程度比原来的高出不少，她明白自己在做什么，也希望家人可以尊重她的选择。

　　事情到这里也就算告一段落。在这次聊天过程中，小 A 运用了六个关键话术，我将其称为"弥补六要素"。下面我来拆解一下：

　　1. "我错了"：出于自己的思维模式以及父母曾提到的对妹妹没有学以致用的失望情感，小 A 以前在与妹妹沟通时言论欠妥，认识到这点后，小 A 主动向妹妹承认了错误。

　　2. "我理解"：在沟通的过程中，小 A 告诉妹妹，她能理解妹妹为什么会觉得被冒犯，虽然她并不是故意的，但这确实伤害到了妹妹的感情。

　　3. "对不起"：在与妹妹的聊天过程中，小 A 诚恳地向妹妹道歉，并希望可以得到她的原谅。

　　4. "我会改"：小 A 答应妹妹，今后谈论到工作和生活中的一些事时，会注意表达方式，也会尽可能理解妹妹的决定，不遗余力地支持妹妹的选择。

　　5. "会帮你"：小 A 意识到，父母对妹妹的失望让妹妹十分难过。小 A 决定帮助妹妹开导父母，让父母用另一个角度来看待这些事。

　　6. "原谅我"：妹妹面对小 A 的坦诚道歉时感到非常惊讶，也大方地表示原谅，而此时，小 A 也完成了对自己的宽恕。

　　这个方法适用于任何一种需要宽恕自我的场景。

　　内疚这种情绪就像是通往下一关卡的台阶，我们踩中了内疚感，有可能就是因为我们做错了事，摆脱这种情绪的唯一方式就是谦逊地承认它、接受它。适当的内疚或焦虑并非坏事，它会阻止我们去做那些将来让我们后悔的事情，我们要做的就是用妥当的方式，走出这种情绪。

这个"弥补六要素"就是在引导你面对恐惧、承认错误，最后宽恕自己。

分辨内耗的真假，是自渡的第五步

在这一节中，你学会了分辨内耗的真假，也找到了对应的解决方式。面对虚假内耗，关键在于清楚自身的价值观与期望，接纳自身的局限性，避免陷入他人设置的陷阱；而面对真实内耗，则需要认真倾听反馈，以诚恳的态度采取补救措施，纠正错误，随后自我宽慰，寻求并接受受害者的谅解。

接下来，你要做的事情是：

• 根据上一章你整理出的"内耗清单"，找出一个你现在最想解决的"内耗触发点"。

• 采用本章学到的自我剖析法进行层层分析，确定这个你最想解决的"内耗触发点"究竟是虚假内耗还是真实内耗。

• 根据属性，选择自我接纳或是运用"弥补六要素"来进行操作，最终放下内心的纠结。

• 确定好下一次自我剖析的时间和下一个要解决的"内耗触发点"，并按照约定来做。

两只老乌龟是很多年的邻居了。

乌龟甲心里有句话想对乌龟乙说，但是碍于面子不好意思讲，总是想着明天再说好了。

一晃三十年过去了。一天，乌龟甲终于鼓起勇气告诉乌龟乙："我以前说过你总是慢吞吞的，给咱们乌龟丢脸，不知道你还记得吗？我很抱歉。"

乌龟乙说："我当然记得，我一直在等你的道歉。"

乌龟甲有些沮丧："那你能原谅我吗？"

乌龟乙嘿嘿一笑："当然了！我早就原谅你了。"

于是它们依旧是好邻居。

只要勇敢说出口，无论时隔多久，道歉都不算晚。

第四节

放弃幸福，会带来安全感吗？

来访者：

> 我很想要幸福，
>
> 但是幸福需要建立在希望上，
>
> 希望却随时可能破灭。
>
> 后来我就不那么期待幸福了，
>
> 这样就算希望破灭，
>
> 也不会感到不幸。

我：

> 人们总是渴望幸福，
>
> 却又害怕幸福。
>
> 不幸福会带来安全感。
>
> 将不幸福与安全感解绑，

是现阶段的你最应当做的。

你要的幸福

人人都在追寻的幸福到底是什么？

亚里士多德认为幸福是生命的最终目的，是所有活动的终极目标；尼采认为幸福是个人力量的体现，是通过自我克服和创造来实现的；在现代西方哲学中，有关幸福的讨论往往与个人自主性、生活质量等因素相关。

幸福作为一个多维度的概念，涉及的方向与内容数不胜数，但从根本上来说，幸福本身就是我们所追求的东西。我们之所以愿意为了某些东西而奋斗，是因为我们相信只要得到它们，我们就能变得更加快乐和富足。

获得快乐和幸福是人类认为理所应当的事情。即使是懒惰或处境不佳的人，也不会希望自己变得更悲惨，除非他的精神陷入错乱。这种主观上的安乐感受，是他人无法定义的，因为每个人都是独一无二的。

你害怕的幸福

就像童话里的王子找到他心爱的公主一样，在寻找幸福的路上，你会经历很多的困难与曲折，需要付出一定的代价——你的时间、你的精力、你的青春，或是旷日持久的忍耐等。

人们总是害怕未知的事物，也许是未知的未来，也许是未知的过程。在兑换命运货架上那个闪闪发光的"幸福"时，你不禁担心："如果无法完成挑战，是否会一无所获，甚至失去更多？"

这种担忧导致我们容易陷入一种思维误区："与其低估风险导致失败，不如高估风险，无得亦无失。"

恐惧让人对未来望而却步，你也开始为自己不再追求幸福而找借口，大脑中挥之不去的恐惧让我们产生诸多疑虑：

● 也许我就不配拥有这样的幸福。

● 如果我幸福了，别人却在遭罪，那我是真的于心不忍。

● 要是有一天我没办法继续努力了，幸福大概就会离我远去了。

● 假如因为获得幸福，我被别人嫉妒、排挤，那我又该如何自处？

● 或许反对我的人是对的，我不该一意孤行。

● 要是因为我幸福了，身边的人不再与我交好，那我宁可不要这些幸福。

● 追求幸福的路途真的很遥远，不知何时才能到达。

● 假使我拼尽全力，最后依然没有获得幸福，那我的人生是否失去了意义？

很多人认为，固守要比冒险厮杀更为安全，这些保守思维很容易成为你逃避挑战的借口，拖住你迈出舒适区的步伐。

不幸福 = 安全？

有时候，人们会觉得幸福总是伴随着风险，所以可能会想：放弃幸福，是不是就能一直处于安全的状态呢？用这种消极的思维方式衡量生命，只会导致消极行为成为你的习惯动作。

有时候我们可能更喜欢未来的一切发展都在自己的掌控之中。可世界不会因为你的暂停前进而暂停，等到外来冲击打碎你的小世界时，恐怕你会更不知所措。

真正的幸福并不是不冒任何风险就能得到的，为了一时的安全感而一直停留在舒适区，最终迎来的只能是更多的困境。

要获得真正的安全感，我们需要了解自己，清楚自己的底线。要做到这一点，我们需要——

- 有自己的价值观和想法，做一个有主见的人。
- 评估自己的过往，吸取教训，然后原谅自己。
- 学会在失败时承担责任，而非假装一切都好。
- 停止将所有问题的责任归咎于自己，也不要总是指责别人。学会找到问题的根源，并努力解决它们。

与虚假的不安全感作斗争，是自渡的第六步

通常来说，能够清晰地认识自我并设立清晰边界的人们，往往

能将幸福紧紧握在手中。然而，当你发现笃定的幸福包含着一些自私的想法或需要牺牲自己和他人利益的成分时，你坚定的意志可能会受到干扰，你可能会产生内疚或焦虑等情绪，你对幸福的渴望也会被淹没。

当你弄清"宁愿不得到幸福"的原因后，你大概率会重新思考自己下一步该如何做。

为了找到原因，我需要你来认真思考这几个问题：

• 你是否因为做过什么事，认为自己不配得到那些你渴望的事物？将这些事情列出来。

• 你在感到快乐或满足的瞬间，有没有忽然意识到过去的某些事让自己觉得无比愧疚，甚至需要付出代价？

• 你是否已经为那些失误与选择付出过代价？你认为"赎罪"的时间是否已经足够长了？

• 将自己困在内疚、焦虑、恐惧等内耗情绪中，能让你获得什么？

• 如果放下内耗情绪，你的人际关系会发生什么变化？

想好了之后，再接着往下看：

1.尽管你有一些不足的地方，但请记住"人无完人"，没有人可以做到尽善尽美。幸福的砝码就在你手上，是选择放入生活的天平还是丢弃它，只有你可以做这个决定。

2.那些在你感到快乐或幸福时冒出来提醒你"不该这样快乐"的念头，就是啃食灵魂的恶魔。将你训练成再也不敢享受幸福的人，就是它的使命。

3. 倘若你一直在"赎罪"，那你也该想想付出的代价是否已经足够抵消你曾犯下的"罪恶"了。

4. 人类的行为动机主要有两种：一是避免痛苦，二是追求快乐。仔细想想：你那一直在"赎罪"的念头给你带来了什么？是更多的痛苦还是快乐？

想象一下，如果你的内耗情绪消失殆尽，你将会变得多么开朗和自在！

第五节

女性内耗的根源与自救

来访者：

> 我与丈夫同样为人父母，
>
> 我常因为没能多陪伴孩子而愧疚，
>
> 但我丈夫似乎不会，
>
> 他认为自己工作是为了让家人幸福。
>
> 实际上我的收入并不比他的低，
>
> 家务都是我做的，
>
> 他也从没去过学校的家长会，
>
> 但他却认为自己是个合格的父亲。
>
> 是他过分自信，
>
> 还是我过分严苛？

我：

　　女性容易内耗的原因有很多。

　　向内探讨，女性内心更加敏感；

　　向外探索，这个社会有太多不成文的规则要求女性成为何种人。

　　加之许多人惯于以高要求来规训女性，

　　内外夹击，

　　女性就容易形成一套用内疚来浇灭快乐火苗的"小连招"。

女性天生敏感的特性在作祟

　　英国人格心理学专业期刊《个性与个体差异》发表过一项研究成果——相较于男性在工作和生活中的大大咧咧，女性因为敏感、细致、认真、负责等性别特性，更容易引发内疚情绪，经常会因为一件小事陷入自我批评中难以自拔。

　　弗洛伊德在探讨女性性情时说，内疚感在女性身上表现得尤为明显，这种内疚感促使女性更多地考虑他人的感受和需要，从而在行为和决策上更加顾及他人。

　　这种将他人情绪摆放在思维前列的行为，是女性情感生活中更突出的特点。事实上，这种性别差异在幼儿园小朋友身上就已经很明显了。著名心理学家、性别研究领域的先驱埃莉诺·埃蒙斯·麦科比（Eleanor Emmons Maccoby）在儿童发展领域，特别是性别差异发展方面有深入研究。她通过长期的观察发现，从幼儿期开始，女孩在与他人互动中就表现出对情绪更为敏锐的感知。

她发现，相较于男孩，女孩在集体活动中会更多地注意到其他小朋友的情绪变化，会更愿意将自己的玩具分享给其他小朋友；而男孩在游戏中可能更专注于自己的目标和乐趣，比如在搭建积木时，他们会一心想着如何把自己的作品搭建得更高、更壮观，而不太会在意周围小朋友是否因为空间被占用而不开心。在参加竞技活动时，男孩相较于女孩会更热衷于竞争和胜利，对其他小朋友的情绪反应相对不那么敏感。

同样，研究人员在进行社会调查时发现，几乎所有年龄段的女性相较于同年龄段的男性，要更容易产生担忧或焦虑情绪。

宾夕法尼亚大学神经科学团队曾发现，女性在进行情感识别任务时，与社会认知相关的脑区（如前扣带回、颞上沟）表现出更强的激活模式，相关成果发表于《生物精神病学》（*Biological Psychiatry*）期刊。这也意味着，女性在读取别人情绪方面会更敏感，这使得女性更容易捕捉到自己的行为对他人造成的影响，这也就造就了女性天生敏感的特性。

出于对情绪的超前感知力，女性在日常行为中会有更多的顾虑与考量。女性会担心自己做的事情不正确，担心自己做得还不够多、不够好，担心自己过往的某个行为对他人造成了不好的影响，等等。而这一切的担忧和焦虑，本质上就是人们难以控制的、即将要付出的代价。

社会对女性的期待

刚满三十岁那年，我面试了一些公司后，发现了一个很有意思的现象。

面试时询问婚姻问题似乎已经成了固定环节，他们无一例外都问了我的婚姻情况，并附带了另一个问题——如何平衡工作与家庭？

我问了几位女性朋友，大家在面试的时候都被问到过关于"平衡工作与家庭"的问题。同时我也问了几位男性朋友，竟发现他们中没有一个人被问到过这样的问题。

对于这一现象，我的 HR 好友给出了答案：

传统意义上来说，女性被赋予的照顾家庭的责任往往要比男性的多，如做饭、做家务、照顾孩子和照顾老人等。这些琐碎的家庭事务会占用女性大量的时间与精力。公司招用人才，当然希望员工的精力更多地放在工作上，家庭事务太过繁忙的女性往往很难顾及自己的工作。

照顾家庭的重担与工作挣钱的压力像是一对矛盾体，在社会期待的压迫下，使得女性产生更多的自我要求，在难以轻松应对两方压力时，内耗会像藤蔓一样将她缠住。

不少研究当代家庭组成的实验都得出过相似的结论：当人们不得不在非工作时间处理工作问题时，女性感到愧疚的比例比男性的要高出 20%~30%。参与调查实验的女性有已婚的，也有未婚的，但感到内疚比例最高的人群是刚结束产假重返职场的年轻母亲。

在传统社会，男性通常是家庭的经济支柱和决策者，而女性则主要负责家庭的内务和生育。这也就导致了整个社会对女性的期待是友善、温顺且勤劳顾家的。

到了现代，女人被赋予了更多的价值与期待：在家庭中被期待成为温柔善良的母亲，在工作上被期待成为细心得体的执行者。

这些期待时刻在提醒着女性要注意自己的言行举止与外在容貌，一旦有所偏离就可能会被他人指责。

比如，如果女性表现得暴躁、粗心，或是成为杀伐果决的决策者，或是不满足"白幼瘦"的要求，或是将头发打理成中性超短发，就可能会引来非议，甚至被贴上"不女人"或"男人婆"的标签。

这样过高且不合理的要求，会让一些天生敏感的女性感到内疚，影响她们的行为，引发不必要的压力。由于难以满足的社会期待，女性往往更难获得周围人的认可。

无偿劳动也是女性精神内耗的重要原因

2022 年 9 月，墨尔本大学的研究人员发布了一篇研究报告，对无偿劳动与成年就业者心理健康之间的性别关联进行了探究。研究结果表明：无偿劳动，如家务劳动、照顾儿童等对心理健康的影响因性别不同会有差异。

在全球范围内，与男性相比，女性承担着更多的无偿劳动。在无偿劳动分工方面存在着持续不平等的现象。长期以来，社会传统观念将家务劳动和照顾儿童等无偿劳动视为女性的"天然职责"。即使在现代社会，尽管性别平等的观念逐渐普及，但传统观念的改变仍然相对缓慢。这种传统观念不仅影响了家庭内部的劳动分工，也在一定程度上塑造了社会对男女角色的期望。

同时，研究还表明，无偿劳动与女性的心理健康呈负相关，而对男性的影响则不太明显。具体来说，无偿劳动的时间越长，女性的心理健康状况就越差。这种无偿劳动分工的不平等使得女性比男性面临着更大的心理健康风险。因此，不仅工作会给女性带来精神内耗，在家庭生活中承担更多的无偿劳动也是女性精神内耗的一个重要原因。

性别差异与社会待遇造成多数女性在工作和生活中的压力远超男性的，对女性的心理健康造成如焦虑、抑郁等诸多负面影响。性别心理研究领域的研究成果表明，女性患上抑郁症的风险远高于男性的。

在二十世纪中期的研究调查中，女性抑郁症患者的首次发病年龄多在二十到三十岁。而在过去的半个世纪里，二十岁以下的女性也成为抑郁症的高发人群。

随着时代的发展，女性地位得到了提升，这虽然为女性带来了更多的社会责任和道德追求，但同时也带来了新的挑战和压力。面对这些挑战，女性需要展现出自己丰富的感知力和坚韧的精神，将这些特质作为武器，去打破陋习和偏见，冲破刻板印象和误解的迷雾。

主动扫除阴霾，是自渡的第七步

女性的成长环境容易使她们背负更多的期待。当意识到可能会因为这些而内耗时，必须警惕，及时识别出负面情绪，并拉响警钟，及时杜绝内耗蔓延。

对女性来说，所有那些"为你好"的话语或行为，必须经过自己的判断。要有意识地在生活中寻找真正让自己感到愉快的理由；一旦觉察到与快乐感受相互违背的情绪，那就应明确这不是好的情绪，要果断拒绝。

当女性能主动为自己扫除阴霾时，她才能成为自己人生中的光。

布置一个小任务

请女性牢记一句话："我觉得好的，才是真的好。"

拿出几张小纸条写上这句话，将它们贴在卧室衣柜门上、浴室镜子上、书桌上、冰箱门上等一切可能会经过的地方。如果愿意，也可以将这句话做成手机壁纸，每当拿起手机时，看三秒，提醒自己坚持这份信念。

第三章 停止精神内耗的N个办法

第一节
行之有效的减压公式

来访者：

压力似乎总是存在，

有时知道因为什么，有时不知道。

压力一直困扰着我。

我：

压力是生活的一部分，

无法完全消失，但可以尝试减轻。

通过识别压力源、设定实际目标等，

让自己可以更好地应对压力、减轻压力。

精神内耗实际上属于过度思考的范畴，你的思维模式与认知方式会切实地影响到生活质量，甚至影响人生决策。内耗使你难以用积极愉悦的心态去面对现实生活。想要摆脱这样的内耗困境，当务之急就是为你的精神做一做"减压操",让时刻紧绷的神经放松下来。

对于过度思考者来说,普通的减压方式是远远不够的,你需要逐步递进,来完成这个减压的过程——了解自己的思维,之后学习减压技巧。

接下来我们逐步解析具体操作。

了解自己的思维

我们知道,知己知彼,方能百战不殆。精准地了解自己在过度思考时,大脑究竟经历了怎样复杂的思维过程,才能更有针对性地去击破这些过剩的思考。

在这个过程中,你主要需要考虑两个方面:一是引起你过度思考的因素,二是过度思考时受到影响的那部分思维。而这两个部分,可以用一个词来概括:意识。

对于习惯性内耗的人来说,当他意识到自己有着客观存在的需要解决的问题时,主观焦虑会如影随形。而我们要做的,就是在意识到问题的时候,能够准确地将客观问题与主观焦虑分离开来——

客观问题:客观存在的需要解决的问题。
主观焦虑:带有情绪的、非理智的担忧。

举个例子:周一上班时,你因为堵车而错过了公司的早会;回到工位时，发现吃早餐的同事不小心将一整杯豆浆洒到你的文件上；新领导一拍脑门的决定，让你本就过多的工作量进一步增加；公司旁边的小学正在举办运动会，一整天都没停下的广播吵得你心烦意乱；好不容易熬到快要下班，男友发来了一条内容含糊不清的短信……

于是这时的你存在着这样两个意识——

焦虑的你：怎么会这样？一整天下来，没一件顺心的事情！我想辞职！他到底为什么发这种信息给我？他是不是想和我分手？

理性的你：今天发生太多事情了，让我很难保持理智。这时候做出的决定很可能是冲动的，我需要冷静后再考虑下一步该怎么做。

这两个"你"的思维对比非常明显，在焦虑的情绪中，你无法保持冷静，你会表现得很急躁，对事情的判断也会变得极端；而那个理性的你在面对问题时，给自己留下了一定的空间，即使一时无法客观地看待眼前发生的事，起码给了自己再次理性判断的机会。

在多重压力的煎熬下，人会在某一个瞬间彻底崩溃。那些让人无计可施的压力，往往是我们一时无法解决的，但我们能够做的是调整自己在面对压力时的心态。

那么，如何辨别眼前的状况究竟是客观存在的需要解决的问题，还是源于对自己的苛求呢？你可以根据以下三点来培养了解自己意识的能力：

1. 自我审视：深刻感知自己的身体状况，明确自己想要什么，及时发现并调整自己的情绪。

2. 心行如一：每隔一段时间，复盘自己的行为，确保实际行为和内心的理念相统一。

3. 专注练习：日常定时进行一些与专注力相关的练习，提高自己的专注力和应对复杂情况的能力。

学会减压，就是一种情绪管理

我们说的压力管理，是一种心理上的调节方式，它能帮助我们缓解过度思考，避免草率做决定，但是想要完全摆脱压力，这是不可能的。

减压的目的是缓解压力，并非麻痹自我或逃避现实，那都是不可取的做法。压力既然存在，就无法因为我们假装无事发生而消失。因此，尽可能不带偏见地去看待问题，是我们需要学会的技能。

接下来，我会教给你们几个依靠自己就能完成的减压技巧。学会了这些，想必你也可以从容应对人生中大部分不可避免的压力。

一、4A 减压策略

当我们无力改变环境时，我们可以选择在一定程度上调整期望、改变心态来适应现状，这可以有效减轻压力，提高我们的抗压能力。

4A 减压策略中的"4A"指的是四个核心词——避免（Avoid）、改变（Alter）、接受（Accept）、适应（Adapt）。围绕这四个核心词进行自我调整，可以帮助我们更好地管理自我情绪以及应对日常压力。

1. 避免（Avoid）

远离让你有压力的环境，学会拒绝，减少不必要的压力源。

生活中我们有很多无法控制的事情，尝试改变它们而最后发现徒劳无功的话，只会让你的情绪更糟糕。所以不如选择我们可以控制的，如身处的环境、接触的人。

打个比方，如果你讨厌人满为患的环境，比如家附近人气旺盛的商场，但是你又总需要去那个商场买东西，那么你可以选择在工作日下班后人比较少的时间去。

再比如，你讨厌父母对你的生活习惯指指点点，但是父母时不时会来你的城市看望你，那么为了他们来时不让你压力倍增，你可以选择让他们居住在附近的民宿或酒店。

需要明确的是，避免压力≠逃避责任/否认问题。

你有权利对那些非必要的有害的压力说"不"。拒绝是一种权利，绝不是懦弱的表现。包揽全部责任并不是体现你价值的必要条件，反而可能会增加你的压力。

现在，请写下你的日程表，将那些不太重要或不太紧急的事情去掉。合理安排优先级，也是减少压力的重要一环。

2. 改变（Alter）

通过积极且清晰的沟通来表达需求，改变处事方式。

我们无法完全避免生活带来的压力，但我们可以选择对待压力的方式。很多时候，压力来源于沟通不畅或处理不当。

如果别人的行为让你感到有压力或受到负面影响，那么你可以选择告知并要求他人改变这个行为。比如，你不得不参加一个觉得无聊的聚会，那么你可以在聚会开始时告知大家，你待会儿有重要的事情要忙，会提前离场，这样既能得到大家的谅解，也可以提早结束这场并不愉快的聚会。再比如，你的身边有一个经常用你的糗事开玩笑的同事，你完全可以直接告诉他你的感受，同时要求他停止这样的行为，否则你就只能继续默默忍受。

倘若你不得不进入令你不适且难以改变的环境中时，尝试一些新的应对方式，也许能有效帮助你减少压力。还是以去热闹的商场为例，如果你不得不在人多的情况下去商场，你可以戴上降噪耳机，播放有声读物或是你喜欢的音乐，这可以减少起码一半的负面情绪。

如果碰见了无法避免的压力源，那就尽你所能去改变它。

清晰地表达需求、沟通对彼此的期待，都可以有效缓解你的紧绷情绪；改变我们对事情的处理方式，在难以变动的环境下调整自己的应对措施，这样的减压方式也同样奏效。

3. 接受（Accept）

在你无法改变的事情面前，你需要有技巧地去接受它。

要接受一个你不喜欢的状况，听起来像是在强人所难，所以我们需要有技巧地接受眼前的状况，以一种相对松弛的感觉去替代当下的内耗。

首先，接受并不意味着你要改变自己的感受。你无需要求自己刻意去喜欢，只需要告诉自己"就这样吧"。承认客观事实的发生，承认自己的感受，并从心里认可它，即使你感到不情愿。

比如，你被迫分手，对方坚决不愿意再继续这段关系，这是个残酷的客观事实，你无法改变对方的想法，只能选择接受。在这个过程中，你可以自我安慰或是找朋友倾诉，给自己时间和空间，以安抚好情绪。

其次，如果你面对的是被误解的情况，那么此时的接受实际上是一种原谅。原谅他人的错误，成就的是自己。只有对他人的错误释怀，才能让自己从不甘和憎恨中解脱出来。

最后，倘若做了错事或失误的人是你时，接受就成了一种心态调节。我们可以通过改变语言表达方式来转变心态，将接受转化为心灵抚慰。

面对过失，如果你想的是"我怎么这么蠢？连这种事情都能犯错，难怪我到现在都一事无成"，那么你会陷入比这个错误更严重的内耗中。

正确的接受方式是这样的："我承认自己在这件事上做错了，这让我很不愉快。但这件事无法定义我整个人生，我会吸取教训，争取不再犯类似的错误。"

接受不等同于认同，接受只意味着对无法改变的现实，我们可以通过调整心态和行动去体面地接纳它。

4. 适应（Adapt）

面对长期压力，我们需要在接受的基础上学会适应，通过调整目标、看法甚至世界观，来和生活和谐相处。

适应压力，实际上是我们与生活和谐共处的艺术。在这个过程中，我们需要有意识地摒弃那些消极的念头，培养一种乐观的心态。

换个角度看问题，我们会发现所谓危机也可能是一种机遇。当你告诉自己"我是一个充满韧性的人"，而不是沉溺于"生活如此不公，一切都将变得糟糕"的想法时，你生命中的挑战就会变成机遇而非危机。

我们适应压力的过程也是自我强化的过程。在这个过程中，我们塑造了一个能够赋予自己力量的世界观。

比如，有些人可能会通过写下感恩日记来提醒自己生活中的美好；有些人则会通过自我激励，每天都给予自己克服困难的力量。

如果我们能够拥有坚定的人生信念和积极的态度，那么在压力面前，我们就能对自己的能力充满信心，成长为一个更加优秀的人。

适应压力是我们与生活相处融洽的标志，我们会在适应的过程中变得更加强大，并形成一套赋予自己力量的世界观。换句话说，通过积极的心态和坚定的信念，我们可以将生活中的压力转化为成长的动力，从而在挑战中发现更多的可能性和机遇。

二、情绪标记法

当你确定了生活中的压力源，就可以运用 4A 减压策略等采取行动，重新规划生活，来应对压力。如果说 4A 减压策略适用于已知的压力源，那么情绪标记法更倾向于帮你找出潜在的压力源，通过认识压力，来找到应对压力的方法，从而达到减少压力的目的。

1. 什么是情绪标记法

情绪标记法是一种帮助我们厘清某个事件或行为带来的情绪与影响的方法。它让我们知道问题的根源在哪儿，从而有针对性地解决问题。

举一个简单的例子：上大学时我很喜欢玩大型网游，并且经常一玩就是几个小时，那时的我觉得游戏就是一种让我在繁忙课业中放松的方式，虽然实际效果并非如此。

如果那时候要我对长时间打游戏这件事做一个情绪标记，那一定是"好玩、放松、开心"，即使我总会在因为玩游戏浪费很多时间后感到懊恼和焦虑，但在打开游戏的那一刻，我的认知又回到了自己的情绪标记中。

在这个过程中人的反射是这样的：打开游戏→觉得放松→长时间玩浪费时间→事情／计划做不完→焦虑→打开游戏，如此恶性循环。

但其实，游戏对应的是放松，事情做不完才对应的是焦虑。

但我们往往会把游戏直接与焦虑对应，找不到自己真正的问题所在。如果粗暴地从不让自己玩游戏开始解决，就很容易反弹。这就像头痛医脚，可能会有暂时转移注意力的作用，但只要对游戏本身的态度没有改变，人会不断地重复这个行为。

情绪标记的作用在此时就显现出来了——厘清某个事件或行为给你带来的情绪与影响，才能有的放矢。

加州大学洛杉矶分校的马修·利伯曼（Matthew Lieberman）在研究中发现，大脑扫描研究显示，这种情绪标记似乎会减少大脑情绪中心的活动，让额叶（推理和思考中心）在解决日常问题上产生更大的影响力。

情绪标记的具体的做法是，当你意识到自己的情绪状态时，使用简短的文字或是特定的形状与色彩来描述和标记这种情绪。之后再遇到这种情绪时，你可以迅速辨认它，就好像模拟卷上经常出现的数学题目，你会通过题目结构辨别出这道题做过、会做，从而感到心中有底，可以更加理性地来看待或处理这种情绪。

我们主要对两大类情绪进行标记：积极情绪和消极情绪。积极情绪包括了喜悦、感激、自信、爱、满足等，消极情绪则包含了愤怒、恐惧、悲伤、焦虑、沮丧等。除此之外，还有一些中性情绪和混合情绪也需要被标记，如平静、好奇等。通过特定的词或短语进行标记，我们可以更好地管理自己的情绪，从而更加理性地看待或处理它们。

2. 情绪标记法的具体实践

步骤一：聚焦情境

选择一个引发情绪的具体情境或事件，可以是最近发生的，也可以是你正在经历的。

步骤二：识别情绪

认真观察或回想，明确自己的情绪反应，常见的情绪包括愤怒、焦虑、悲伤、快乐等。

步骤三：贴上标签，记录感受的程度

用不同颜色的笔来区分积极情绪、消极情绪、中性情绪及混合情绪，用星星标识程度。

为你的情绪贴上标签。尽量使用简单、直接的词，避免长篇大论，以免重新激活情绪。如"我觉得焦虑""我觉得愤怒""我觉得快乐"。

步骤四：明确身体反应

注意身体的反应，用简单的词描述在这个情境中身体的反应与感受。如心跳加速、呼吸急促、肌肉紧绷等。

步骤五：承认情绪，接纳感受

承认你的情绪，接纳这些感受的存在，不要试图压抑或否认它们。告诉自己："这是我当前的感受，我允许自己有这样的情绪。"

步骤六：反思与调整

在标记情绪后，花一些时间反思这个情绪的来源和影响。思考一下这个情绪是否合理，是否有必要进行调整。

步骤七：选择应对策略

根据你的情绪和情境，选择适当的应对策略。可以是深呼吸、冥想、与他人交流，或者采取行动来解决问题。

步骤八：记录与复盘

可以将情绪标记的过程记录下来，写在日记中，定期复盘自己的情绪变化和应对方式。这有助于提高自我意识和情绪调节能力。

步骤九：练习与应用

在日常生活中多加练习情绪标记法，逐渐将其融入你的情绪管理中。随着时间的推移，你会发现自己对情绪的识别和调节能力有所提升。

实践范例：

假设你在工作中遇到困难，感到压力很大。

聚焦情境	今天的工作任务让我感到压力大。
识别情绪	我感到焦虑。
贴上标签	在"焦虑"标签的背后，根据焦虑的程度，用蓝色的笔画出 1~5 颗星星。
明确身体反应	我的心跳加速，思维卡壳，手心出汗。
承认情绪，接纳感受	我承认我感到焦虑，这是正常的反应。
反思与调整	我思考这个焦虑情绪是否合理，是否有解决方案。
选择应对策略	我决定先深呼吸几次，放松一下，然后制订一个工作计划。
记录与复盘	在日记中记录下这个过程，反思我是如何应对焦虑的。
练习与应用	在未来的工作中继续使用这个方法，帮助我更好地管理情绪。

3. 情绪标记的归纳与分析

在每次感到情绪明显变化，或压力较大时，就将它记录下来。

坚持记录一段时间，可能是几天或一周后，拿出来分析一下，观察情绪的变化趋势，看看哪些情境容易引发特定的情绪，搞清楚最近有什么人或事让你的情绪起伏不定。

分析的内容包括这些：

● 你感到压力大的常见原因有哪些？

● 这些会让你的工作生活受到什么影响？

● 面对这些事，你一般是怎么处理的？是否有用？

● 找出你的压力阈值，在这个阈值以内的压力是否能够让你感到舒适，并且提高工作效率？

例如，你可能发现自己在与某个人相处时经常感到愤怒，这就提示你需要思考与这个人的关系以及如何处理这种情绪。你的分析内容可以是这样的：

- 与某人相处常常让我感到压力很大；
- 这样的情绪让我无法集中精力工作，导致时常要加班；
- 为了少跟他接触，我经常委托我的工作伙伴去与他对接，这很有用；
- 线下与他交流会给我的工作带来很大困扰，但是线上沟通会让我的心态平和很多。

通过这样的分析，你可以获得可靠的数据，并根据分析的结果找到适合自己的情绪应对策略。

如果某种情境经常触发负面情绪，可以尝试改变自己对这个情境的看法，或者采取一些具体的行动来避免或缓解这种情绪。比如，如果你发现早上赶时间上班会让你感到焦虑，你可以提前起床，留出更充裕的时间准备。

随着时间的推移，不断地调整你的情绪标记方法和应对策略。情绪是复杂多变的，你的方法也需要不断适应和改进。可以尝试新的标记方式，或者加入一些新的元素，如记录情绪持续的时间、对情绪引起的身体反应进行更详细的描述等。

另外，需要注意的是，在做记录与分析时，切忌对自己的情绪过度解读。你写下你的情绪，不是为了挑自己的刺，然后发现自己的短板并为此沮丧。记录应该客观，不要带有主观评价，在对自己进行记录分析时尽可能保持宽容的心态，允许自己有不积极的情绪，允许自己将藏在内心深处的感受表达出来。

你可以在心中默念一些激励自己的话语，把积极的元素具象化，或者思索一些其他的可能性以及解决之策。倘若你无法为自己营造一个积极的空间，那么记录情绪只会让你的不快乐与过度思考愈发严重。

通常来说，会过度思考的人是很聪明的人，他们的聪明不单运用在日常的工作和生活中，也会在自我探讨时，将自己觉得不那么积极的内容隐藏起来。

坚持做几周的情绪标记后，你会逐渐养成习惯。当压力来临时，能够更加自觉地意识到它。比如，每逢遇到交通堵塞，你都会产生同样的一连串想法：会不会迟到？是不是有车祸？现在下车跑去公司会更快吗？当这种情况反复出现几次后，在下次堵车之前你可能会提前意识到自己的情绪反应。

一旦自我意识之窗被打开，就有了破解之道：明知道这段路的红灯时间长，但幸运的是因为早出门所以来得及打卡，而自己也不用真的下车跑去公司。

最后，情绪标记仅仅是助力你贴近自身情感的一种途径。如果你发现自己在记录时只是单纯地专注于事情本身，而非自己的感受，那就可能需要尝试其他方法了。

三、情绪分隔法

我们的大脑有时候就像个讨厌的播放器，会不停地回放那些让我们不开心的事情。比如，早上出门前不小心摔坏了心爱的杯子，可能会让我们一整天都心情低落。这种脑子里的循环播放会让压力常驻脑海，变成生活里赶不走的"常客"。就算事情已经过去了，那些烦人的想法还在，将你套在不愉快的枷锁里。

如果我们能把这些烦恼的想法和情绪装进一个"心理盒子"里，将有助于减少这些负面情绪对生活的不良影响。

情绪分隔法就像是我们在心里为各种想法建造了不同的房间，把不相关的想法彼此分开。就好比你有一个抽屉专门放袜子，另一个抽屉放 T 恤，这样找东西的时候就容易多了。

有些人认为情绪分隔法是解离的一种形式，将情绪分隔法看作一种心理防御机制，尤其是在经受情感创伤或情绪失控的情况下，情绪分隔法的作用尤为显现。出于自我保护，大脑会主动将痛苦的记忆和想法悄悄藏起来，这也是有些人在遭遇重大情感创伤后出现选择性失忆的原因。

在目前主流的释义概念下，情绪分隔法更多地被当作一种无意识的、自然的心理反应，在正确的引导下，可以成为自我心理疏导的利器。下面举一个例子。

A 先生的工作压力非常大，常常在回到家后，脑子里还不停地复盘工作内容，频繁地因为焦虑难以入眠，甚至在梦里都是工作的内容。为了解决这个问题，A 先生刻意将工作与生活分开。

上班时，A 先生尽可能不去处理个人问题，让自己专注于工作，争取高效办公；下班后，A先生就将工作群设为免打扰模式，尽量不让工作事务侵占休息时间，并在业余时间培养一些兴趣爱好；回家后，A先生会进行一些简单的仪式，比如洗个热水澡，将自己从工作模式切换到家庭模式。

在日常生活中，你可以通过以下几个方面，将日常生活中的情绪与压力分隔开来：

1. 设定明确的界限

为了更好地在工作和生活之间划清界限，我们可以给自己设定一些明确的规则。这样做可以帮助我们更容易地将注意力从一件事情上转移到另一件事情上。

简而言之，就是给每种活动设定专属的时间和空间。这样一来，我们就能在完成一项任务后，更顺利地切换到另一项任务，而不会心不在焉。

就像案例中的A先生，为了将工作与生活区分开，上班时间不会安排与个人生活相关的琐事，在下班后则将工作群设为免打扰模式，确保自己将工作和生活分隔开来。

2. 养成习惯，重视仪式感

通过多次重复，能够将一些行为变成自然而然的习惯。这种习惯性的动作能让我们在一个任务完成后，自然而然地放松心情，准备投入到下一件事情中去。就像心理学家柯林斯所说的："日常的小习惯能帮我们平滑地从一个生活阶段过渡到另一个。"

案例中的A先生在回家后会冲个热水澡，这个小习惯对他来说，就是卸下工作、享受生活的开始。

可以尝试在下班后做一件有仪式感的小事，比如换上舒适的衣服，或者在小区附近散散步、喝上一杯奶茶，这些都像是在告诉你的大脑："工作模式关闭，家庭模式启动。"这样的小动作，能帮助你的思绪从工作压力中解脱，让你更好地享受个人时间。

3. 标记压力情绪

这时，前面讲到的情绪标记法就可以派上用场了。

将那些被标记的消极情绪提取出来，把让你感到困扰的想法或忧虑的体验收集进你的"心理盒子"。在此之后，你需要暂时将它们搁置在一旁，等到适当的时候，你认为自己已经做好准备时，再将它们拿出来重新审视。

这种方法能够帮你清空思绪，为生活中的其他事情留出更多的心理空间。

情绪分隔法是一种有益于心理健康的策略。它能帮你把让你焦虑的念头先放到一边，让你的情绪更加稳定，处理问题的时候更有效率，还能提升你的专注力。

需要注意的是，情绪分隔法并不等同于逃避问题。如果想要通过情绪分隔法来抹除实际存在的问题，那就很不明智了。客观存在的问题不会因为暂时不考虑而消失，它只会越攒越多，等到某一个时机爆发出来，恐怕会更难以收拾。

情绪分隔法是能将问题放在我们看不见的位置，让我们更好地面对和处理问题的工具，它并没有消除困难的作用，也不应该成为我们逃避现实的手段。

情绪分隔法把生活切割成一块块容易管理的部分，让你懂得，有些事情暂时解决不了也并无大碍。

　　一旦接受了这一点，你就能把精力集中在那些现在能做的事情上，从而在面对压力和挑战的时候更加从容不迫。简单来说，就是把那些能掌控的事情先管好，其他的则顺其自然，逐步解决。

第二节
有效减压的N个小技巧

我们无法准确预测将来，这正是我们偶尔对生活感到无力和不安的主要原因。从我们呱呱坠地那一刻起，压力就与我们如影随形。

压力是把双刃剑，它可以是推动我们前进的动力，也可能变成让我们退缩的负担，甚至引发心理障碍。学会用科学的眼光看待它，用科学的方法与它相处，它就会收起锋芒，成为我们人生道路上的助力。

当压力大到我们难以接受时，适当地做一些减压的行为，可以让我们紧绷的神经稍微放松，等恢复好状态后，才能有充足的精力来应对现状。

前面我已经讲述了几套相对成体系的减压方法，现在我将从几个大的方向为你介绍行之有效的减压小技巧，你可以根据个人的需求和喜好进行选择。

1. 运动减压：运动能释放出"快乐因子"

当我们运动时，无论是跑步、游泳，还是瑜伽、散步，任何形式的体育活动，都可以促进大脑释放出包括内啡肽、多巴胺和血清素等一系列化学物质。

内啡肽是一种天然的镇痛剂，它能够在我们进行剧烈运动时产生，帮助我们缓解疼痛，同时带来一种舒适感；多巴胺能够使我们兴奋，让我们感到愉悦和满足；血清素则与情绪调节密切相关，它有助于稳定情绪，规律的运动可以提高大脑中血清素的水平，是应对压力和焦虑的好帮手。

此外，运动还能提升体能、控制体重，这种肉眼可见的成就感会进一步增强我们的幸福感；而运动对身体的消耗会自然而然地改善睡眠质量，这对于缓解压力、保持情绪稳定和提高认知功能都至关重要。

2. 饮食减压：心理压力也可以"吃掉"

饮食与心理压力之间的关系比我们想象中要密切，健康的饮食习惯可以帮助我们更好地应对压力。当我们面临压力时，身体释放的应激激素（如皮质醇）会影响我们的食欲和食物选择。在压力下，人们常常会转向高糖、高脂肪的食物来寻求即时的安慰和能量，但这种短暂的满足感往往会导致能量水平和情绪的快速下滑，进而加剧压力感。

维生素和矿物质的摄入，可以起到稳定神经系统功能的作用，常见的有维生素 C、维生素 D、B 族维生素等，适量适度摄入有助于维持稳定的能量水平，增强免疫力，保持情绪平稳；Omega-3 多元不饱和脂肪酸可以改善大脑功能与调节情绪，在很大程度上有助于减轻抑郁和焦虑症状，富含 Omega-3 多元不饱和脂肪酸的食物在日常生活中也很常见，如深海鱼类、核桃和亚麻籽等；膳食纤维丰富的食物（全谷物、豆类和新鲜蔬菜）有助于维持稳定的血糖水平，防止情绪波动；色氨酸是一种与情绪调节和睡眠有关的神经递质，可以帮助身体制造血清素，含有色氨酸的食物有很多，如鸡肉、鸡蛋和豆腐等。

此外，保持充足的水分也很重要，因为脱水会影响能量水平和认知功能，进而影响我们的压力感受。同时，限制咖啡因和酒精的摄入也有助于减轻压力，因为它们可能导致焦虑和睡眠问题。选择健康的食物，定期进食，避免饥饿或吃撑，好的饮食习惯会让身心更健康。

3. 按摩减压：在经络与穴位之间释放压力

当我们感到压力大时，身体的肌肉往往会变得紧张和僵硬，进而影响情绪状态。按摩则是通过物理刺激帮助肌肉放松，减少疼痛和不适感，缓解肌肉紧张。在中医理论中，按摩与经络、穴位的概念紧密相关，在经络和穴位的框架下，按摩可以更加有针对性。

太阳穴位于耳廓前面，前额两侧，外眼角延长线的上方；按摩太阳穴可以帮助放松神经，缓解紧张和焦虑。耳神门穴位于耳廓三角窝内；按摩耳神门穴可缓解焦虑和头痛，提高睡眠质量。内关穴位于手腕横纹的正中位置；按摩内关穴具有平复情绪的作用，可缓解紧张、疲惫、抑郁等不良情绪。劳宫穴位于手掌部第二、三掌骨间，掌横纹上，当握拳时中指尖所点处；按摩劳宫穴可舒缓压力，缓解焦虑和心慌。三阴交穴位于小腿内侧，距踝骨约三横指处；按摩三阴交穴可调节情绪、缓解焦虑、改善睡眠质量，并有助于调节内分泌。百会穴位于头顶后正中央位置的突起处；按摩百会穴有安抚情绪、减轻压力的作用，可改善睡眠质量，减少情绪波动。太冲穴位于足背侧，第一、二跖骨结合部之前的凹陷处；按摩太冲穴可疏肝解郁。

无论是专业的按摩治疗，还是自我按摩（如手部按摩或足底按摩），都可以成为我们日常压力管理的一部分。但在进行穴位按摩时，应注意力度适中，避免过度按压导致不适。

请注意，穴位按摩只是辅助调理情绪的方式，如果出现严重焦虑、抑郁等心理问题，还是应当寻求专业医师的指导和治疗。

4. 语言减压：一吐为快为何能释放压力

当我们感到压力时，能够通过语言将内心的烦恼和忧虑表达出来，这是一种非常有效的情绪释放方式。"一吐为快"这个成语形象地描述了通过言语表达内心压力所带来的轻松感。这种方式能够释放压力，主要基于以下几个心理学原理：

情绪释放：将压力和烦恼说出来，就像是打开了情绪的阀门，这可以减少内心的紧张感，让人无需再动用额外的心理资源去抑制或控制这些情绪。

认知重构：在表达过程中，我们不得不对问题进行思考和组织语言，这个过程有助于我们从不同的角度看待问题，可能会发现新的解决方案，从而减少问题的威胁感。

社会支持：与他人分享压力是一种寻求支持的方式，即使对方没有提供具体的帮助或建议，有人倾听和理解我们的感受，就能提供情感上的慰藉，让我们摆脱孤立无援的感觉。

自我反思：言语表达促使我们进行自我反思，这有助于我们更好地理解自己的感受和需求，可能会意识到自己的一些不合理的信念或行为模式。

减少不确定性：当压力源于对未来的不确定感时，通过谈论我们的担忧，我们可以将不确定性转化为更具体的、可管理的问题，从而减少未知带来的恐惧感。

情绪感染：在与他人交流时，他人的积极情绪可以通过言语传递给我们，这可能会让我们重新振作，以更加乐观的态度面对压力。

心理宣泄：言语表达是一种心理宣泄的方式，这与写作或绘画等艺术表达有着相近的功效，让抽象的情绪和思维具体化，从而减轻心理负担。

总的来说，一吐为快能通过上述机制帮助我们缓解心理压力，保持情绪健康。这就是为什么当我们与他人倾诉了烦恼之后，常常会感到轻松和解脱。但请注意，选择合适的时间、地点和对象倾诉至关重要，切忌毫无顾忌地大倒苦水。

5.睡眠减压：高质量睡眠是最好的补药

在睡眠过程中，我们的身体和大脑有机会休息、恢复和重新调整，这对缓解日间累积的压力至关重要，高质量的睡眠对减压有着不可思议的积极影响。

调节情绪：在睡眠中大脑整理了白天的记忆，缓解了压力，有助于稳定情绪。

强化免疫系统：充足的睡眠能够增强我们的免疫力，帮助我们更好地抵抗疾病。

提高认知功能： 当我们休息好时，注意力更集中，思维更清晰，这使得我们更有能力处理压力和迎接挑战。

恢复身体： 在深度睡眠期间，我们的身体会释放生长激素，修复受损的组织，这对于缓解疲劳至关重要。

确保每晚都能获得高质量、充足的睡眠，是维护身心健康、有效减压的关键。可以通过培养规律的睡眠习惯来改善睡眠质量：保持规律的作息时间、营造一个安静舒适的睡眠环境、避免睡前使用电子设备，以及在睡前进行放松身心的活动，如阅读或冥想。

不同的人对不同的助眠方法反应不同，多尝试各种方法来找到适合自己的好眠策略。

6. 情绪宣泄：拔掉心田里疯长的情绪野草

情绪宣泄不仅是情绪的释放，也是对压力源更深层次的理解。它对于维护个人的心理健康和情绪平衡至关重要，像是一场心灵上的除草工作，让内心重新恢复秩序与和谐。

避免情绪的积压： 情绪宣泄可以帮助减轻因压力积累而产生的紧张感和焦虑，防止压力对身心健康造成更大的损害。

提高应对能力： 通过情绪宣泄，人们可以更清晰地认识自己的压力源，从而更有针对性地采取应对措施，提高应对压力的能力。

提供心理支持： 情绪宣泄可以作为一种心理支持的方式，帮助人们在面对挑战和困难时获得必要的情感支持。

促进情绪恢复： 情绪宣泄有助于个体从负面情绪中恢复，重建积极的情绪状态，增强心理韧性。

但请注意，过度的宣泄会导致情绪依赖、人际关系紧张等问题，因此，注意用健康的方式，选择适当的环境、时间进行宣泄。

7.医疗减压：专业的人处理专业的问题

医疗减压的重要性在于，它能够针对压力的生理和心理根源提供科学、系统的解决方案。在意识到已经无法通过自我调节来有效管理压力时，及时寻求心理健康专业人士的帮助显得尤为重要。

主动察觉并积极减压，是自渡的第八步

我们常常陷入一种悖论之中：明知压力如影随形，危害身心健康，却总在行动上犹豫不决，或是被日常琐碎的忙碌所牵制，或是被内心的惰性所束缚。这种"知道却做不到"的困境，实则是自我认知与行动之间的断层，是心灵成长路上的绊脚石。因此，主动察觉压力的存在，并积极主动地寻找减压之道，就显得尤为重要且迫切。

主动减压是一种自我觉醒的过程，它让我们意识到，幸福与满足并非来自外界的给予，而是源自内心的平和与富足。当我们学会放下不必要的负担，拥抱生活的每一个瞬间，就会发现，压力不过是生命旅途中的一阵风，吹过便了无痕迹，而内心的宁静与强大，才是我们最坚实的铠甲。

第三节

应对焦虑的即时方法

来访者:

一旦碰上突发状况打乱原有计划,

我就很容易手足无措,

甚至会因为过分焦虑,

无法做出理性的判断或反应。

我:

人生无常,总会有意外发生,

应对扑面而来的焦虑,

有可以立即使用的方法。

别让焦虑的迷雾笼罩了全局,

相信自己有能力找到前行的方向。

生活总是充满变数，意外总是不期而至。即使我们已经制订了详尽的计划，有时仍会发现自己处于被动状态。

因此在本节，我们将探讨一些可以立即使用的策略来应对突如其来的压力。这些策略既可以作为日常的预防措施，也可以在需要时立即使用。

快速解压五步法

当陷入过度思考或承受巨大压力时，我们很容易陷入精神恍惚的状态。我们会不断回顾往事，预设各种可能的未来情景，当然这时候脑中出现的大多是不怎么美好的场景。

当你将各种可能出现的情况或结果与你所恐惧的东西结合在一起时，你就会被焦虑折磨得疲惫不堪。

这时如果想要抑制这种过度思考，就需要将飘远的思绪拉回到眼前来。我们可以通过将注意力转移到当前的感官体验上来重新获得思维的控制权。

在感到恐惧时，即使你实际上正处于一个不会受到任何威胁的安全环境，你的思维仍然可能会控制你。同样，如果此刻你心中被安全感笼罩，那么即使身处在战火纷飞的险境中，你依然可以得到内心的平和与安宁。

这就是思维的力量，能够学会控制自己的思维，便能最大程度减少负面情绪的影响。

快速解压五步法作为一种即时压力缓解法，旨在快速有效地帮助你打破焦虑的恶性循环。由于过度思考与恐慌症有着相同的形成机制，学会快速解压五步法，可以有效防止恐慌症的发生。

根据下面的内容，按顺序依次进行操作——

步骤一：闭眼，用"4-7-8呼吸法"进行有效的深呼吸

吸气时，想象自己吸入平静和安宁；呼气时，想象自己释放紧张和压力。

尝试使用"4-7-8呼吸法"：吸气四秒，屏住呼吸七秒，然后呼气八秒。

步骤二：集中注意力，观察周围的环境

关于视觉：选择五个眼前可见的物体，花些时间仔细观察它们的质地、颜色和形状。可以是房间角落的灯、挂在墙上的画、桌腿上掉漆的一小块凹陷、地上爬行的蚂蚁……将它们收入眼中，并记住看到它们时自己的第一个想法或第一个反应。

关于触觉：选择四个可以触摸的物体，让指尖感受它们的质地。可以是你养的小猫温热的身体上细腻的毛发，可以是书本中轻薄光滑的纸张，可以是你身上穿着的纹理明显的布料……记住触摸时清晰可辨的手感。

关于听觉：感受三种现在就在耳边响起的声音，可以是明显的，也可以是细听后发现的。可以是自己的呼吸声、远处汽车的声音、树上鸟儿的鸣叫……记住声音入耳时，耳道嗡鸣的感受。

关于嗅觉：感受两种闻到的气味，尽可能选择令你觉得心情愉

悦或心安的味道。万物皆有气味，可以是自己身上沐浴露或护肤品的味道、书本间油墨的味道、阳台上种的植物的淡淡香气……记住闻到味道时，那令人舒适或安心的感受。

关于味觉：找一样你可以品尝的东西，这可能是在你手边放着的一杯热咖啡。闭上眼睛，让味蕾完全沉浸在一种味道之中。它可能勾起一段往事，让你心中泛起涟漪；也可能让你在忙碌的生活中，找到片刻的宁静。

步骤三：用意念进行自我身体扫描，感受身体任何一处不舒适的地方

尽可能放松身体，从头部开始，逐渐向下至脚部，感受身体的每一部分。如果发现某个部位紧张，就在那里停留一会儿，然后通过深呼吸来放松它。

步骤四：识别负面思维，积极进行自我对话

留意那些自我批评或消极的自我对话，用鼓励性的话语来替换它们。尝试用积极的、乐观的态度去看待问题，关注解决方案而非问题本身。比如"我能够处理这个情况""我有能力战胜这个挑战"等。这有助于改变消极的思维模式。

步骤五：做简单的伸展运动，放松身体

1. 站立，双手向上伸直，然后向一侧弯曲身体，感受身体侧面的拉伸，保持几秒钟后换另一侧。

2. 坐在椅子上，双腿伸直，向前弯腰，尽量用手触摸脚尖，感受腿部后侧和背部的拉伸。

3. 站立，双脚与肩同宽，双手交叉放在脑后，向后仰头，感受

颈部和肩部的拉伸。

简单的伸展运动可以放松肌肉，改善身体的血液循环，减轻压力带来的身体不适感。

这个练习的关键在于利用感官体验来转移深层的思考焦虑。

当我们的感官被外界积极调动时，大脑便自然地被其他事物占据，从而中断了过度的内在思考循环。这种"感官干扰"策略，就像是在大脑内部设置了一道屏障，让大脑无暇思考更多其他的事情。

经过沉浸式练习后，你会发现内心进入一个出奇平静的阶段。在练习过程中，或许你会暂时忘记感官切换的具体顺序，但没关系，这不重要，重要的是你全然沉浸于当下对身体的感知，大脑由于容量有限，无法同时让焦虑继续留存在脑中，随着注意力的转移，你的焦虑与消极情绪会跟着烟消云散。

我们都知道，直接命令自己停止思考往往难以奏效，因为这本身就是一种思考行为。相反，通过引导大脑暂时"休假"，聚焦于当下的感官体验，我们能够自然而然地脱离焦虑的桎梏，寻回内心的宁静。

这个原理在于，人类的意识具有排他性：同一时刻，它要么忙于思考，要么沉浸在感官世界之中。因此，当我们将感官意识放大并停驻，大脑便难以再胡思乱想，从而实现将焦虑的情绪从脑海中挤出去，以此来获得内心的平静。

渐进式肌肉放松法

你有没有过这种体验?

在相对较长时间的精神紧张后，身体会出现局部疼痛或麻木，如上台演讲或参加重要的考试时，可能当时感受并不明显，但一旦放松下来，就会察觉到身上某些地方隐隐作痛。

这是因为在长时间的压力的影响下，人体会自动触发一种自然的防御机制，即所谓"战斗或逃跑反应"。在这一过程中，大脑会释放包括肾上腺素在内的多种神经递质和应激激素，以迅速激活身体的应对能力。这些生物化学信号不仅加快心跳、加深呼吸，还会使肌肉持续保持紧张状态。

对于长期处于压力环境中的人来说，这种持续的肌肉紧张状态会逐渐累积，最终可能引发身体各部位的疼痛，尤其是肩颈部和背部，这些区域常常成为疼痛的重灾区。此外，肌肉的持续紧张还可能影响血液循环，进一步加重疼痛感和不适感。

过度思考的人，往往不会注意到自己身体的变化。比如长期的肩痛和磨牙，这些实际上都是焦虑的表现。大脑首先变得紧张，随后肌肉也会跟着紧张。在这种情况下，尝试渐进式肌肉放松法可能会有所帮助。

渐进式肌肉放松法是由生理学家埃德蒙·雅各布森（Edmund Jacobson）在二十世纪二十年代初提出的一种压力管理法。他发现，肌肉紧张总是伴随着肌纤维的缩短，而减少肌肉紧张可以降低中枢神经系统的活动，从而促进身体放松。雅各布森由此提出了核心观点："如果你的身体是放松的，那么你的精神也一定是放松的。"

基于此，雅各布森提出了一个假设，即通过学习缓解肌肉紧张，可以缓解焦虑。他推崇的肌肉放松法，每天仅需花费十到二十分钟进行训练，就能够有效地减轻焦虑和相关的心理生理症状。这种方法适用于多种场合，可以作为一种医疗辅助手段，在每晚睡前练习。

一、原理

渐进式肌肉放松法通过让肌肉反复张弛，提高肌肉的感觉敏锐度，并促进肌肉真正得到放松。训练的时候需要遵循自下而上的原则，从脚部开始，逐渐向上至头部进行放松。

二、操作步骤

准备工作：

1. 找一个安静、舒适、温暖的环境，避免被打扰。

2. 躺下或坐下，确保身体舒适放松。

3. 闭上眼睛，深呼吸几次，让身体和心理都进入放松状态。

肌肉训练过程：

脚部：先让脚部肌肉紧张，如脚趾向上翘、向下弯曲等，保持紧张感约十秒，然后放松。

小腿：拉紧小腿肌肉，如将脚板用力向下压或向上翘，保持紧张感后放松。

大腿：紧绷大腿肌肉，如用力将膝盖抬起，保持后放松。

臀部：收紧臀部肌肉，保持后放松。

腹部：收缩腹部肌肉，如做吸气时腹部鼓起、呼气时腹部内收的动作，保持后放松。

背部：弓起背部，拉紧背部肌肉，然后放松。

胸部：深呼吸以拉紧胸部肌肉，然后缓慢呼气放松。

肩部：耸起双肩，保持后放松，可重复几次。

手臂：紧握拳头，绷紧前臂肌肉，保持后放松；再伸直手臂，绷紧上臂肌肉，保持后放松。

颈部：头向后仰以拉紧脖子后面的肌肉，保持后放松；也可尝试左右转动头部，拉紧颈部侧面的肌肉后放松。

面部：紧皱额头、眉头，紧闭双眼和嘴巴，咬紧牙关，等等，使面部肌肉逐一紧张后放松。

结束放松：

1. 在全身肌肉放松后，保持几分钟的静息状态，感受身体的轻松和舒适。

2. 慢慢睁开眼睛，适应周围环境。

雅各布森认为，通过这种方法，人们可以更好地管理压力和焦虑，因为它有助于减少身体的紧张感和精神的压力。现代临床科学实践中，渐进式肌肉放松法已经被广泛用于缓解压力、焦虑和抑郁。研究发现，渐进式肌肉放松法还可以改善睡眠质量、缓解肩颈疼痛及偏头痛等，能有效改善多种健康问题。

延缓担忧法

焦虑或担忧这类消极情绪，就像是一支装备精良的部队，在突袭大脑时进攻猛烈，让思维一时难以招架，很难不受其影响。它们会驻扎在你的脑海，不停地向你施压，让你的注意力不得不集中于它们。

在这种情况下，你很容易被忧虑所掌控，陷入惶惑的漩涡。久而久之，每当消极情绪袭来，你已经熟悉并适应了那无能为力的感受，甚至不再挣扎，任由消极情绪侵蚀。

我们的大脑在对待消极信息时，出于安全考虑，有着天生的放大镜功能，提醒我们要优先处理那些具有威胁性的事情。如果当前你担忧的是性命攸关的急切的事情，那么显然你必须将这件事的优先级提到最高。但生活中，我们面临的担忧往往是那些不怎么紧要却让你很在意的事，就像约会前发现刘海有些泛油光，或是担心拒绝了同事帮他做 PPT 的请求可能会显得不友善，等等。实际上，我们总是优先去考虑一些并不重要的小事。

延缓担忧并不是要求你完全排除心中的顾虑，而是给那些担忧找到一个合适的位置，让它们不至于立刻攻占你的思绪。

倘若在面对焦虑时，你能够选择暂时搁置，稍后处理，那么你将能更好地管理自己的注意力，避免当下被一些不那么紧迫的小事分散精力。

延缓担忧，顾名思义就是有意地将担忧推迟到未来某个时刻处理。这并不意味着你不再关心这些问题，相反，这意味着你在面对它们时，拥有更多自主意识，而非被推搡着往前走。

延缓担忧会引导你更积极地面对当下看似急迫的情况，减少它们对你日常生活的干扰，并以更合理的方式解决它们。有些担忧可能在当前看起来非常紧迫和重要，似乎必须立即处理，然而你知道，情况并非如此。如果你换个时间再来看待这些问题，可能会发现它们实际上是可以往后放的，事情可能会随着时间的推移而发生变化。通过这种方式，你可以更加冷静、客观地评估你的担忧，并在最合适的时机采取行动。

具体来说，延缓担忧法包括以下几个步骤：

1. 识别担忧

首先，当你感到担忧时，你需要明确自己正在担忧的具体内容是什么。

比如，你可能在担心即将到来的考试、工作任务的压力或者人际关系的问题。这有助于个体更清晰地认识到自己的担忧点，并为后续的处理提供方向。

2. 设定担忧时间

选择一个特定的时间段，作为专门处理担忧的担忧时间。这个时间段可以是每天的一个固定时段，比如晚上睡前或早晨起床后，也可以是每周或每月的某个时间段，根据个人的实际情况来设定。这样可以确保担忧不会在一天中的其他时间随意出现，干扰你的正常生活和工作。

3. 暂时搁置

在非担忧时间内，当担忧出现时，告诉自己现在不是处理担忧的时候。尝试用"我现在不会想这件事，我会在担忧时间来处理它"这样的心理暗示来暂时搁置担忧。专注于当前的任务或活动，尽可能地投入其中，避免让担忧影响你的注意力和效率。

4. 准备应对

在识别到担忧后，可以提前做一些准备工作，包括记录担忧的具体内容、记录担忧程度（如1—10的评分）以及目前能想到的解决方案。这有助于你在担忧时间内，更高效地处理问题。

5. 专注处理

在担忧时间内，要全身心地投入对担忧的处理中。可以针对每个担忧点逐一进行思考和分析，找出问题的根源和解决方案。对于一些可以立即采取行动解决的担忧，制订具体的行动计划；对于一些无法立即解决的担忧，尝试从不同的角度去看待问题。同时，也要保持积极的心态，相信自己能够应对并解决这些担忧。

延缓担忧法能在消极情绪泛滥时，让你的思维绕道而行，从而减少焦虑情绪的出现，这也能让你在非担忧时间中更专注于手头的任务，提高工作效率与学习效率，在担忧时间内能更理性地分析、处理带来消极情绪的源头事件，以一种更冷静的态度找到更有效的方案。

需要注意的是，滴水穿石，非一日之功。延缓担忧法需要一定的时间才能看到效果。培养积极心态无法一蹴而就，需要坚持使用这一方法，不要轻易放弃。

虽然延缓担忧是将担忧推迟到特定时间处理，但并非完全压抑担忧情绪。如果担忧情绪过于强烈，可以适当进行一些放松练习，如深呼吸、冥想等，缓解情绪压力。我们需要根据自己的实际情况灵活调整担忧时间和方法的具体步骤。如果发现某个步骤不适合自己，可以尝试进行改进。

有意识地控制焦虑，是自渡的第九步

你在感到极度焦虑时，使用一些科学的缓解焦虑的技巧，是可以有效改善情绪状态的。

从本质上说，这些技巧帮助你培养对自己意识的掌控力，同时也能将你的注意力从无休止的担忧中转移出来。

这种对心理和情绪的掌控能力，源于你逐渐提升的自我认知——"我能够主宰自己的情感和身体反应，而不仅仅是任由思绪漫无目的地游走。"

逐渐减少对即时反应的依赖，更加深思熟虑地处理问题，才可以慢慢摆脱被情绪控制。学会在忙碌和挑战中守住内心的宁静，能让我们更好地应对当前的压力，继而提高整体的生活质量。

第四章

重塑思维与重设期待

丢弃错误的价值观

　　每个人都有自己独特的价值观，这些价值观决定了人们是如何对事情进行定义与评判的。别人对我们的了解，也往往会从我们对人、对事的看法中得到答案，这是根植于我们内心深处的认知模式。

　　生活中的多数时候，我们会按照自己的价值观去做出反应。每当我们的言行与我们的价值观冲突时，不安感就会开始作祟，内疚与焦虑引起的内耗像海啸一样大规模袭来——因为我们觉得自己犯了重大的错误。然而，如果你的价值观其实并没有你想的那么正确呢？

质疑脑海中现存的价值观

　　你有没有过这样的感受：明明你的行为让自己觉得很舒服，但你的内心不时会冒出尖锐的声音来告诉你：你不应当这样做，这样做不合乎逻辑。

　　我的朋友Ａ女士在和她妈妈相处的过程中，就常常出现这样的情况。

　　Ａ女士有一个正在读小学的女儿，孩子上学日的早餐是由Ａ女士的丈夫准备的，同时丈夫还会帮Ａ女士将当天的午饭也一并准备好。丈夫是个很享受做家务的人，他认为自己能从做家务这件事中获得轻松感和愉悦感。Ａ女士和丈夫两人都很享受目前这样的生活安排，但在Ａ女士的母亲眼里，这却成了Ａ女士作为妻子的失败。

　　母亲认为，既然Ａ女士的丈夫工作繁忙，应当由Ａ女士来承担早上的准备工作，这是Ａ女士作为妻子不可推卸的责任。

　　Ａ女士与母亲的关系相当密切，所以母亲的话对Ａ女士有一定的影响，毕竟母亲也是这样承担着责任的。于是，Ａ女士开始为自己并非一个好母亲、好妻子而焦虑。她试图干预丈夫对家务和早餐的安排，却未能达到预期效果，反而让女儿对早餐质量下降感到不满。

　　在经过长时间的思想斗争与深刻反省后，她最终迎来了自己的精神觉醒：母亲的想法是基于母亲的价值观，并非我自己的价值观。在反省期间，Ａ女士与丈夫就这个问题深入地探讨过，丈夫认为做家务是他喜欢并乐于去承担的责任，在一个家庭中并非一定要女性来操持家务。

　　而Ａ女士也认识到，她与丈夫的想法很接近，他们的共同目标就是经营好自己的小家庭，在家庭成员都能够接受的情况下做出的分工决定，也是为了让这个小家更好地往前走，这才是 A 女士自己的价值观。

一个人的价值观受周边环境及自身的生活与经历的影响。我们的价值观是在多重因素的影响下形成的，有时不免会迷茫，一直崇尚的那套逻辑究竟是不是属于自己真正的选择。

A 女士虽然花了不少时间才搞明白，她一直以来被要求并且自己也在努力践行的那套价值观，其实并非完全正确的，但庆幸的是，她最终不必再因世俗的眼光而感到内疚和焦虑。

让人迷失的认知扭曲

我们在还未明确自我价值观时，很容易受到外界影响，我们习惯通过自己的预期、信念、偏见或假设来看待这个世界。尤其对于习惯过度思考的人来说，他们总是会更倾向于相信自己眼中的世界。

在以下几种常见的认知扭曲中，你是否能找到自己的影子？

1. 非黑即白

这是一种过于简化的思维方式，认为事物非黑即白、非好即坏。这种思想会减弱对事物的妥协性、创造性和辨别度。

拥有这样思想的人常常会用"绝不""总是""完全"或"完全没有"这样的词语，并常常会产生无助、沮丧和顽固等情绪。

举个例子，如果一个人在一次考试中未能取得好成绩，他可能会认为自己完全失败了，而忽视了其他科目的成功。

2. 以偏概全

它和非此即彼的绝对思想有相似之处，总是基于单一事件或特征对整体做出判断，这种想法会增加焦虑感，导致完美主义倾向。

举个例子，如果一个人在一次约会中失败，就认为所有潜在的伴侣都会拒绝他。这种思想放任了情绪，增加了焦虑感，让完美主义倾向更严重。

3. 内归因或外归因

在错误或问题出现时，如果我们习惯性地认为自己是问题的原因，这就是内归因；如果总倾向于在他人身上找问题，这就是外归因。这两种归因方式都可能导致无法找到问题的真正原因所在，从而在遍寻答案无果时产生无助感。

举个例子，习惯用内归因思考问题的孩子会认为父母离婚是因为自己不听话，这样的想法会带来自责和自卑；而习惯外归因的人如果在工作中遇到挑战，可能认为是同事故意为难自己或是老板偏心，而不是自己的技能不足。

4. 心理过滤

这种认知在生活中很常见，心理过滤的核心点在于只关注负面信息，忽视正面信息或中性的信息。比如你认为成功都是因为运气好，而失败就是你的问题。这样的偏见来源于一个核心理念：事情总是糟糕的，以至于自己从未遇上好事。

举个例子：一个人参加了一百次测试，失败了一次，在回顾自己的表现时，只记得失败的那一次，完全不会想起那些成功了的九十九次。

5. 情感推理

在这种认知扭曲中，我们错误地认为自己的情绪反应就是事实；如果自己觉得它是这样的，那它就一定是这样的。

举个例子：上台演讲前你感到焦虑，尽管还没上台，但你一直在不断地寻找依据去证实自己的担忧，坚信这次演讲一定会以失败告终。

6. 其他认知扭曲

灾难化思维：总是预期最坏的结果。

迷信思维：将无关事件视为预兆。

读心术：无根据地揣测他人的想法。

消极预测未来：武断地认为负面事件一定会发生。

贴标签：用负面标签定义自己或他人。

许多人可能会同时经历多种认知扭曲，这些认知扭曲相互交织，影响思维和情绪。例如，如果你怀疑伴侣不忠，你可能会基于这种感觉断定他在欺骗你（情感推理），并进一步认为这是因为你自身的某些不足（内归因）。随后，你可能会开始过度担忧（灾难化思维）并做出武断的结论。在这个过程中，你可能会开始为分手的可能性感到焦虑。

如果一时难以察觉自身存在的认知扭曲，我们可以通过情绪 ABC 理论来捕捉到那些潜藏在你内心的认知扭曲。

A 代表诱发事件（Activating events）；B 代表信念（Beliefs），即个体对事件的认知、看法、解释；C 代表情绪和行为后果（Consequences），即个体基于信念对事件做出的情绪和行为反应。

举个例子，让我们更好地理解这个理论的操作方式：

如果一个人在工作上犯了一个错误（A），他可能会有"我真是个失败者"的信念（B），这会导致他感到沮丧和焦虑（C）。

情绪 ABC 理论提供了一个框架，帮助人们识别和挑战这些认知扭曲，通过改变不合理的信念（B）来改变情绪和行为后果（C）。通过情绪 ABC 理论的应用，个体可以挑战这种不合理的信念，转而采取更合理的信念，如"每个人都会犯错，我可以从中学习并改进"，从而减少负面情绪，以更积极的态度面对挑战。

容易出现认知扭曲的人多数源于仍未完善的心智与并不清晰的自我价值观，不清晰的自我价值观会导致个体更容易产生认知扭曲。自我价值观就像是我们内在的指南针，它引导我们做出选择、设定目标，并决定我们的行为方式。

找到独属于自己的正确价值观

价值观是个非常奇妙的东西，它不单是评判优劣的标尺，更是衡量一个人能否成功的准绳。

在做出任何决定之前，应先明了自己的价值观，不定时的自我探索可以帮助理解自己的行为动机、决策方式以及对生活的期待。走心的自我复盘和思维察觉，能够展现当下自己的价值判断与思考沉淀。

为了找到自己的心之所向，可以试着回答这份普鲁斯特问卷：

你认为最完美的快乐是怎样的？

你最希望拥有哪种才华？

你最恐惧的是什么？

你目前的心境怎样？

还在世的人中你最钦佩的是谁？

你认为自己最伟大的成就是什么？

你自己的哪个特点让你最觉得痛恨？

你最喜欢的旅行是哪一次？

你最痛恨别人的什么特点？

你最珍惜的财产是什么？

你最奢侈的是什么？

你认为程度最浅的痛苦是什么？

你认为哪种美德是被高估的？

你最喜欢的职业是什么？

你对自己外表的哪一点不满意？

你最后悔的事情是什么？

还在世的人中你最鄙视的是谁？

你最喜欢男性身上的什么品质？

你使用得最多的字或者词语是什么？

你最喜欢女性身上的什么品质？

你觉得最伤痛的事是什么？

你最看重朋友的什么特点？

你这一生中最爱的人或东西是什么？

你希望以什么样的方式死去？

何时何地让你感觉到最快乐？

如果你能选择的话，你希望让什么重现？

你的座右铭是什么？

这些问题没有对错之分，旨在引导你深入思考自己的价值观和生活态度。你可以定期回答这些问题，比如每年年底，以此记录自己的成长和变化。

普鲁斯特问卷的核心价值不在于答案本身，而在于我们如何深入地思考这些问题并给出回答。这些答案能够揭示我们的价值观和内心的思考过程，为生活的每个阶段留下独特的印记，从而成为个人成长的见证。

记住，价值观不是静态的，它们可以随着时间的推移和经验的积累而发展、变化。通过每年的回答，我们可以看到自己的变化和成长，就像乘坐一辆穿越时光的列车，每一站都记录着我们的变化。

稳定的自我是对抗内耗的利器

正确的价值观是一种强悍的精神武器，它能够成为你行为决策的指南针，帮助你在复杂多变的环境中保持自我，坚持自己的方向。这种内在的力量让你在面对挑战时，能够依据自己的信仰和原则做出判断，而不是随波逐流。它为你提供了稳定的内核。拥有稳定内核的人很少会陷入内耗；即使陷入内耗，也能在很短的时间内将自己解救出来。

如何才能获得独属于你自己的稳定内核呢？你需要先确定自己最在意的东西是什么。在填写完前面的普鲁斯特问卷后，相信你的内心已经有了一些想法。

我们中的大多数人可能都无法明确地识别出自己的价值观，但实际上，我们的价值观已经在日常生活与行为处事中体现得淋漓尽致。如果你试着记录下过去七天的生活，你会看到自己是如何分配时间的、优先考虑什么、选择做什么或不做什么，这些都是你的价值观的体现。

主动地识别和确认自己的价值观是一种宣言，是确立自己立场的表现，是在声明"这就是我的信念，也是我行动的准则"。

就好像前面提到的 A 女士在婚后的这几年里，一直都在接受着来自母亲的"贤妻良母理论"的洗礼，这也是 A 女士经常质疑自己的原因，这让她怀疑起自己对家庭的奉献精神有所欠缺，有时会怀疑自己对孩子的责任感以及对丈夫的爱意是否足以支撑这个家继续走下去。

在遭受了好几年的自我质疑后，Ａ女士才开始意识到问题好像没那么简单。她终于明白了，她和丈夫这种不同于传统家庭的分工模式，基于的是他们之间的爱与信任。这种婚姻中的平等的生活方式，实际上是他们对小家庭的经营之道。这时，她才意识到，她在这个领域的价值观与母亲的完全不同。

当你对自己的信仰和行为持有坚定立场，并且不因外界压力而感到内疚时，你就真正拥有了属于自己的价值观。当你因为没做别人期望你做的事情而感到愤怒或内疚时，你不妨停下来审视自己的内心。

可以通过以下一系列的自我探索，寻找自己真正的价值观：

1. 明确内耗的来源

此时需要你沉下心来，认真思考那些会让你感到内耗的情况。

是因为没有满足他人的期望吗？

是因为别人的评价或看法而质疑自己的行为吗？

是因为取悦他人而做出违背自己内心的事情吗？

是因为努力遵循那些并不适合自己的社会规则吗？

举个例子，一个自由职业者的家人期望他能找一份稳定的工作，尽管目前的工作和生活状态让他感到满足和快乐，但家人的期望让他觉得很内疚，因为他觉得自己没有达到家人的标准。那么关于对工作与家人的内耗来源，就是因为没有满足他人的期望。

2. 分析你自己的想法

你做错什么了吗？造成了什么伤害？

你是否真的理解并认同那些你努力遵循的社会规则？

这些规则是否与你个人的价值观和信仰相冲突？

你是否因为遵循这些规则而感到不快乐或压力重重？

你的思想是遵循自己的是非观，还是遵循别人的是非观？

3. 把不真实的价值观换成真实的价值观

你需要考虑：哪些价值观是我从家庭、朋友或社会中吸收的，但并不真正反映我的信念？

你是否经常因为遵循这些价值观而感到不快乐？

你真正关心和珍视的是什么？

你的行动和决策是否与你内心深处的信念一致？

你是否因为害怕他人的评判而坚持某些价值观？

哪些价值观能让你感到自豪，即使在困难时期也能坚持下去？

你的价值观是否支持你追求个人成长和幸福？

4. 收集支持你价值观的理由

收集支持你价值观的理由是一个深入自我探索的过程，它涉及理解你的价值观的深层原因和来源。

你需要问自己以下三个问题：

为什么这个价值观对自己这么重要？

这种价值观从何而来？

它与你的信仰、信念一致吗？

这些问题没有标准答案，符合你自身情况的答案，于你而言就是正确的回答。通过这个问答的过程，你将能够更清晰地理解自己的价值观，并收集到支持它们的有力证据。这将帮助你建立一个坚实的价值观基础，指导你的行为和决策，使你能够更自信地按照自己的价值观生活。

明确自己的价值观，是自渡的第十步

事实上，很少有人能够从一开始就准确察觉自己的价值观，都是在一次次的磨砺中逐渐看清，甚至有的人一辈子都无法搞清楚自己真正想要的是什么。我们太容易随波逐流，盲目地追随他人的信仰，往往容易忽略真正应当探索的是自己的内心。拥有并坚持自己的价值观，实际上是在赋予自己力量，实现内心的自由与解放。这是一项宝贵的能力，值得我们每个人去追求和珍惜。请不要错过它！

放慢脚步，静下心来，为清晰的思考和坚定的勇气认真祈祷，你会发现敢于直面内心坚持己见的自己，是如此金光闪闪！

那些曾经困扰我们的选择困难症，会在我们拥有了属于自己的价值观后迎刃而解。我们将基于对这些价值观的深刻理解来做出选择，不再盲目地随波逐流或受到外界压力的干扰，也无需再让自己处于被审视的状态。这样的选择将让我们更加坚定和自信地走在自己的道路上，不再为过去的决定而患得患失。即使面对外界的质疑和评判，甚至是我们自己内心的挣扎与不适，我们也能保持内心的平静与坚定。

因为我们知道，我们正在做的是自己认为正确且值得的事情，是在为自己的生活赋予意义和价值。这种内心的平静与坚定将是我们抵御内疚感的强大武器。

布置一个小任务

拿出你的"内耗清单"，选出最让你挥之不去的内耗困境，然后按照以下顺序回答问题：

1. 是哪种价值观 / 规则使我内耗？

2. 这个内耗情绪是真实存在的吗？

3. 是谁提出应该按照这个规则做的？

4. 为什么有人认为这个价值观是真的，又为什么有人认为它不是真的呢？

5. 如果是真的，它对我很重要吗？为什么？

6. 如果不是真的，我为什么不能接受这个谎言呢？

7. 倘若当我阐述这个价值观时，它并不属实，那么在什么情形下它对我来说才是真实的呢？

通过这样的自我探索，我们将能够更深入地了解自己的价值观，并找到解决内耗困境的方法。

第二节

设定目标与意图

身处信息爆炸的时代，来自全球各个角落的信息一股脑儿地被推送到人们眼前。见识了更多的东西，人们对生活的期望值空前攀升，这是内耗加剧的原因之一。

我们都知道，生活不可能尽善尽美，推荐给你的那些"神仙般的生活"也不一定是事实。各种大数据算法，每每监测到你对某个话题停留超过两秒，相关推送便接踵而至。大量的相似内容让你产生了"事实就是如此"的错觉，迷失在数据构成的"完美生活"中，对"生活本该如何"有越多不切实际的幻想，对现实生活的平淡就会有越多的不满，于是内耗也会随着大数据的推荐越来越强烈。

很多时候，内疚的根源正是我们内心深处那些不切实际或不符合自身价值观的期望。没有期望就不会有内耗，因此，想要从根本上消除内耗，就要从调整自己的目标开始入手。

有时你甚至没有意识到自己真正想要的是什么，就已经为自己构筑了一个由他人眼光织成的愿景。这个愿景也许不适合你，也许于你而言是个宏大且不可能完成的任务，那么轻而易举地陷入内耗，就是你盲目设定目标带来的副作用。

有意识、有目的性地调整目标，是消除内耗的最佳途径。

认清让人内耗的目标

在这一部分，我会排查出五种令人陷入内耗的目标，在阅读的过程中，你可以结合自身的情况进行分析，找出存在于你身上的令你内耗的"毒虫"。

一、模糊的目标

第一次跟 A 先生见面的时候，他列出了一串长长的"内耗清单"，其中最令他耿耿于怀的是两件事：一是没能在母亲去世前多陪陪她，二是无法长期亲自照顾他那瘫痪在床的弟弟。

他对此做了解释。关于没能陪伴母亲走完最后一段路，是因为那时他正经历一场不小的手术，他所在的城市与老家相隔甚远，等他恢复到能够坐飞机时，母亲已经撒手人寰，而母亲在临终时心中始终挂念的是多年前就瘫痪的弟弟。

"我在她坟前答应过的，一定会照顾好弟弟。" A 先生说，"我会确保他在经济上有保障，每天也会跟他打电话或视频，其他的弟弟妹妹也会时不时去看看他，但我总觉得自己做得还不够，可他的病情，目前在医院治疗确实是最好的选择，我也没办法抛弃稳定的工作去陪伴他。"

我问他："你觉得妈妈会对你失望吗？"

A先生叹气道："毕竟两个城市离得太远，我没办法一直在他身边好好照顾他。"

出于经济方面的考虑，A先生衡量后觉得暂时还无法离开目前居住的城市，所以只好一有假期就往老家跑，去看望他的弟弟。

这番交流下来，我大致理解了A先生内耗的根源——模糊的目标、难以捉摸的期待。

A先生总觉得自己做得还不够多，那么要做到什么程度才算足够？他也不知道。

这种模糊性让他一直无法真正衡量自己是否已经达成期待，就好像一场没有设终点站的马拉松，会让人因为始终没有明确知晓自己是否已经碰触到终点而一直奔跑，不敢停下，继而开始自我怀疑，陷入内耗。

A先生的内耗源自责任感与现实限制之间的矛盾，以及对"足够"这一标准的模糊认识。这种内心的冲突导致了持续的自我怀疑和焦虑。为此，我建议A先生设定清晰、具体的目标，他在照顾弟弟方面可以做的具体事情，包括定期与弟弟沟通的次数和时长，安排其他亲人协助照顾，寻找专业的护理服务及参与弟弟日常生活的具体方式。他还可以与家人共同探讨可行的解决方案，比如考虑将弟弟转至离自己较近的医疗机构，或者安排其他家庭成员轮流照顾弟弟。此外，A先生需要学会接受现实的限制，并且认识到自己已经尽力而为。同时，我也鼓励他关注自己的生活，培养一些兴趣爱好，与朋友们保持联系。通过这些措施，A先生逐步减少了内心的冲突。

二、过期未续的目标

B女士在孩子购买首套房产时，答应了会给孩子资助。她的初衷是减轻孩子的压力，才决定在按揭贷款的初期提供一些经济援助。但随着时间的推移，她发现自己的帮助已经远远超出了最初的计划。

最初，B女士本打算为孩子的房贷提供两到三年的财务支持，但这种援助已持续了五年之久，而且似乎还没有结束的迹象。

她意识到如果她不开口，孩子可能也不会主动提出让她中止援助。同时，她也希望她的孩子能够有机会独立，学会自己管理财务。可B女士却担心，如果她先开这个口，孩子是否会觉得她这个母亲过于自私。

这不仅让B女士感到经济上的压力，而且在考虑是否应该停止援助时，她也感到了内疚和困惑。

随着时间与环境的变化，一开始的目标不一定能长期适用，这也是B女士家庭中出现的——目标过期但未续。

在亲子关系中，由于孩子随着年岁增长、心智成熟，其能力与责任相应地发生了变化，父母对子女的期许或是子女对父母的期待也会有翻天覆地的变化。

与此类似，这种固守旧习的惯性也普遍存在于各种领域。如换了新的工作环境，面临更长的通勤距离或更为紧凑的日程安排时，我们往往会因为无法继续过去的某些习惯而感到内疚。这种内疚可能源于无法频繁地与朋友相聚，或是没能每天打扫一遍房屋。

然而，若我们能适时停下脚步，重新评估并调整自己的期望，便会意识到，为了摆脱内疚的束缚，重拾生活的乐趣，适时地调整甚至重塑期望是至关重要的。这样，我们便能在变化中保持灵活，更加适应当前的生活状态，从而实现内心的和谐与满足。

通过交流，B女士认识到了明确沟通的重要性。她决定与孩子坦诚地讨论财务援助的期限和条件，B女士希望能够与孩子共同制订一个清晰的计划，这个计划将帮助孩子逐步实现财务独立。这样的对话有助于设定合理的期望，确保双方对援助的期限和目标有共同的理解，从而避免未来的误解和内耗。

三、失衡的目标

C男士经营着一家规模不大的广告公司，为了配合客户的需求，他经常需要出差，即使是周末也得工作。这样的工作模式意味着他与他的员工们的工作时间并不一致，当其他人都已经结束了一天的工作回家休息时，C男士还在忙碌着；而C男士休息的时候，员工们却还要去办公室工作。

这种工作模式让 C 男士无法得到完全的休息，他期望团队成员们即使在休息时间也能继续工作，以配合他的工作节奏。这导致了员工们的不满，在心理上对无休止的工作状态产生了抵触情绪，团队氛围也因此变得紧张，成员间的沟通与协作不再像以往那样顺畅。

C 男士很快意识到问题的严重性，并开始感到内疚，因为他意识到自己不应该因为自己的工作时间而对团队成员有过高的要求。于是为了不占用员工的休息时间，C 男士在需要休息的时候，仍然会选择去办公室，即使自己感到疲惫不堪，但因为先前的事，内疚感让他无法再要求别人在休息时间配合自己工作。

我让 C 男士结合自我剖析法分析一下自己的"忍不住的"内疚感。他思索片刻，给出了这样的回应：

首先，C 男士承认自己的内疚感，要求员工在休息时间工作是错误的。

其次，在自我审视这个环节，C 男士意识到他并不需要遵循普通员工的工作时间，而且在发现错误后已及时改正。

最后，C 男士认为这种不平衡的期望源于他作为员工时形成的既定模式，当他从员工变成老板后，还坚持这种过时的期望，从而导致了不平衡和内疚感。

此外，不平衡的期望也可能出现在那些倾向于过度负责的人身上。过度负责的人总是想要承担额外的责任，随着时间的推移，这种习惯会变成一种不平衡的期望。结果是，如果不这样做，你最终会感到内疚。

四、追求完美的目标

　　D女士在控糖和控油，为了两周后跟异地的男友见面时，能保持一个更好的状态。她已经严格执行近两周了，但是一次下班后经过很喜欢的蛋糕店时，被门口海报上诱人的新品蛋糕吸引，没忍住进去买了一个蛋糕，回到家没换衣服就迫不及待地吃起来。

　　蛋糕是她喜欢的桃子味，里头甜糯的桃子和绵密的奶油完美适配，D女士吃得津津有味，直到咽下最后一口蛋糕时，她感到胃里一阵痉挛，痛得她蜷成一团，倒在地上。

　　而让她剧烈胃痛的原因也许并不只是食物本身，更多的是她的情绪在作祟——失望与内疚。

　　说好要减肥的，还是忍不住吃下了含糖超高的食物。这与她的目标背道而驰，她对自己的失望转化为内疚时，情绪已经不受控了。

　　在跟我讲述这件事的时候，D女士显得很失落，因为这个失控的蛋糕，她对自己非常失望，自责为何不能像别人那样严格控制自己。

　　从这点来看，D女士控制饮食的决定是一种追求向上的改变，本质上来说这是一件好事。问题就出在她难以接受自己偶尔的放纵，在严厉批评自己的同时还在与别人进行不必要的对比。这些想法来源于她对自己的完美要求。

现如今很多女孩产生了自我强加的完美主义心态，主要表现为戒备心强、爱与别人做比较、对自己要求严苛。

这样的人会因为敏锐地察觉自己的偶尔放纵而自责，但如果别人也发现了这个问题，例如 D 女士的同事发现她去买了蛋糕并问她"你不是在控糖吗"，那她可能会马上进入防御状态，表现出不开心或是反击对方。因为她已经知道自己的问题所在并为之自责了，无需别人多言。

而在她感受到被批评时，也许对方其实并没有恶意，但她因为此前已经深陷沮丧，便自动将对方的行为解读成释放恶意了。

总是习惯用"应该"这类词语来要求自己完成目标的你，或许可以试着通过语言转变调整自己的心态。

"应该"这个词往往是内耗的导火索，它暗示着义务和责任未达，让人不自觉地为未做到的事情感到懊悔。试着在对话中留意这个词，当你说"我应该……"或"我本应该……"时，或许可以将其替换为"我能够……"。因为"能够"强调的是能力而非义务，它让你意识到每个决定都是基于自己的选择，而非外界的强制。

比如，"我本应该多做一些"变为"我本能够多做一些"，前者是责备，后者则是自我反思与对未来可能性的探讨；"我本应该去那个聚会"变成"我本能够去那个聚会"，前者是遗憾，后者则是对自己选择权的肯定。

这样的语言转变，能够引导我们从内疚中解脱出来，更加积极地看待自己的选择和生活。

五、别人的目标

期望有时源于我们内心，有时源于他人。他人的期望可能与我们自己的期望不符，或者根本无法实现。

如果我们不花时间去明确自己真正的期望，我们可能会无意识地去追求他人设定的期望。这些"他人"可能是我们的家人，也可能是那些我们并不熟悉的社会大众，他们对我们的生活方式有着自己的见解和期待。

在现代社会中，"他人"的定义甚至扩展到了社交媒体、传统媒体、名人、精神领袖等，这些无时无刻不在影响着我们对于目标的制定。

重置你的目标

前面已经列举了那些可能导致你产生不必要内耗情绪的目标与期待，接下来，你需要根据自己的情况，找到适合自己的目标。这会让你更有动力和方向感，提升工作效率，重拾自信心。

重置目标是开启新生活的一把钥匙。你可能对如何重置新目标有些迷茫，但没关系，跟随我的节奏，多加练习，不用太长时间，你就可以成功做到。让我们先完成三个思考。

思考一：写下困扰你的事情

回顾近期设定过但明显难以实现的目标，理清楚最让你头疼的是哪些事情。

● 找一个相对安静的环境，深呼吸，调整情绪，尽可能保持情绪冷静、思维理智。

● 想想那些目前让你觉得困扰或内耗的事情。

● 将这些事情按照重要性排列顺序，并一一写下来。

思考二：思考当下最想达成的目标

● 问问自己，当下想达成的这个目标是否能跟你关心的或是想要的东西达成一致。

● 写下目前目标的具体内容。

● 思考为什么会立下这样的目标，并写下原因。

● 明确这个目标会在哪个时间节点完成。

● 明确这个目标的设立是在满足你的哪方面需求，以及你从这里看出什么对你很重要。

思考三：列出过往那些让你内耗的目标

你曾在哪些领域有着前面提过的那些难以实现的目标？

● 将过往有过的，包括模糊的目标、过期的目标、失衡的目标、追求完美的目标、别人的目标列出。

● 将涉及的领域按照家庭、事业、情感、个人、交际等分类。

经过以上三个思考，你已经为重置目标做好了准备。接下来，你可以通过以下四个步骤来具体设定你的目标。

步骤一：朝着积极的方向，引导自我对话

专注于放下内疚，别让内疚感膨胀。忽略偶尔的杂念，关注那些常来打扰你的想法。当你因为没达到目标而自责时，试着转换思维：

- 我不必完美，我选择快乐，不选内疚。
- 感觉好才是真的好，我选择让自己感觉好。

用这些积极的想法替换那些让你内疚的念头。这样你就能更容易地释放内疚，专注于让自己更快乐。

步骤二：允许自己有重来一次的机会

发现现有目标不合适或难以实现后，第一反应不应当是自责内耗，而是为自己蓄能，鼓起勇气重新设置关于你自己的那部分目标。

- 时刻牢记，只有你自己能决定如何调整期望，让自己更快乐。
- 在这种情况下，我可以重新设定我的目标和愿景。
- 新目标将以更实际、更能让自己感到满足为基础。

步骤三：确定新目标

针对前面提到的五个类别的内耗目标，利用它们来作为辅助，确定我们的新目标，取代原有的旧愿望。

1. 模糊的目标

我们在前面说过，缺乏明确方向和可衡量标准的目标往往难以被具体实现。那么你可以将原有的、不清晰的目标具象化，通过设定一个具体的时间框架，有条理地规划你的行动步骤，用明确的、可衡量的数据或标准重新定义，把这个曾经让你内耗的目标转化成为你成功路上的垫脚石。

你需要做的有这些：

① 你真正想要实现的未来，在脑中勾勒一个清晰的画面，用文字描绘出来。

② 这个目标和你的价值观及生活目标是否相符，如果不相符则需要重新定义。

③ 写下你认为拿到什么样的成果才算是完成目标。

④ 定下一个明确的时间表，指导你逐步完成小目标，比如在接下来的几个月内或特定的日期之前。

2. 过期的目标

随着时间的推移，我们的目标和期望也需要不断更新，以适应不断变化的生活状况和个人成长。诚实地评估你原有的期望是否符合你现在的价值观和生活目标，是否有一些过去未曾考虑的因素。在设定新的目标时，重要的是要考虑到你目前的承诺、个人发展以及你对未来的愿景。

你需要做的有这些：

① 从目前的社会性身份（如成为父母）、健康问题、家庭状况、工作晋升等方面开始整理。

② 认真思考在现阶段，什么样的目标能够真正激励你，让你感到满足和快乐。

③ 确保新的目标是可实现的，并且能够反映你现在的生活状态和你对未来的希望。

3. 失衡的目标

失衡的目标往往源于我们对人际关系的不健康的期望，甚至会因为过度负责而忽略了自己的需求，或者在没有得到相应回报的情况下不断付出。在建立新目标时，我们需要用更健康的思维来为树立新目标打基础，确保给予和付出相对平衡，这需要你在设定目标时就做好一个心理预设。

你需要做的有这些：

① 在给予和接受之间找到平衡，确保你的需求和愿望也得到尊重和满足。

② 设定界限，学会说"不"，或者在关系中寻求更多的支持。

③ 明白每个人的需求和能力都不同，因此在不同的关系中，平衡的方式会有些不同，要按需调整。

4. 追求完美的目标

追求完美往往伴随着一种内在的戒备心理，这种心理可能在不经意间引发我们与他人的比较，或者导致我们对自己进行过于严厉的批评。你需要打破这种模式，更重视目标的完成过程，明白结果并不能代表一切，个人成长对自己的意义远大于他人认可。

你需要做的有这些：

① 重视自己的态度：期望自己尽力而为，而不是追求无可挑剔。

② 重视实现目标的过程中的心态：在面对挑战时不气馁，保持稳步向上，提高适应环境的能力。

③ 重视合作中的友好部分：寻求合作和支持，而非竞争和比较。

5. 别人的目标

当别人的期望与我们自己的价值观和使命不一致时，我们可能会感到内疚。要知道，虽然我们可以尊重和考虑他人的观点，但自己才是自己生活的主宰。我们有权利追求与我们的价值观和使命相一致的目标。

你需要做的有这些：

① 识别出哪些期望是真正重要的，哪些是可以放弃的。

② 新目标需要贴近你的内心期盼或对生活的设想，能够激励你，让你有实现它们的冲动。

③ 确保这些目标是可实现的，划掉不切实际或难以完成的目标。

步骤四：传达新期望

1. 与他人的沟通

当你设定了新的期望，尤其是这些期望涉及与他人的互动或需要设定新的界限时，有效的沟通就显得至关重要。你需要找到合适的时机，以尊重和坦诚的态度与相关的人进行对话，清晰地表达你的新期望及其对你的重要性。这样做不仅能帮助他人理解你的立场，还能减少误解和冲突。

2. 与自己的沟通

如果这些新期望是个人的，那么让它们变得可见就非常重要，这样可以不断提醒你，并帮助你保持动力和专注。

你可以在日常生活中频繁接触的地方贴上便签，比如你的办公桌、浴室的镜子、汽车的仪表盘，或者你的电脑桌面。这些视觉提示可以作为你每天的提醒，让你的新期望始终存在于你的意识中。

3. 不时提醒，督促完成

在手机上设置定期的提醒或日历事件，这样你就能定期收到关于你新期望的提醒；你还可以使用各种应用程序，它们可以发送鼓励性的消息；用日记等方式记录进展，告诉自己一直在进步，鼓励自己继续为这个目标前进。

通过这些方法，你可以确保你的新期望不仅仅是一时的想法，而是逐渐成为你生活的一部分，最终成为你的新常态。随着时间的推移，这些新期望将引导你的行为和决策，帮助你实现个人成长。

找到属于自己的目标并为之努力，是自渡的第十一步

要了解自己是谁、自己相信什么，需要进行深入的自我反思和不懈的努力。让他人告诉我们应该设定什么期望往往更容易，尤其是当接受这些期望能带来认同和接纳时。然而，只有当质疑每一个内化的期望，并问自己以下问题时，我们才能实现真正的个人成长：

1. 这是出于我自己的期望，还是别人的？

2. 如果这是我的期望，它为什么对我个人很重要？

3. 如果这不是我的期望，它是怎么成为我追求的目标的？

4. 在我人生的这个阶段，什么才是真正明智和适合我的期望？

通过回答这些问题，我们可以更清晰地了解自己的价值观和目标，而不是盲目地追随他人的期望。这种自我探索的过程可能会带来挑战，但最终它能让我们更加真实地生活，更接近自己的理想。当我们能够区分自己的期望和他人的期望时，我们就能有意识地做出选择，

决定哪些期望更值得我们投入时间和精力。这样的自我认知和自主选择，是个人成长和自我实现的关键所在。

第五章

取悦自己与停止内耗

培养取悦自己的习惯

当你不再时刻提醒自己不要内耗时，你就到达了一个重要的转折点。这表明你已经成功地摆脱了内耗的困扰。尽管自我怀疑的情绪偶尔还会在你的心头徘徊，但你已经学会了不让它再次占据你的心灵。

到了这个阶段，也就意味着你的注意力已经从你想要避免的事物转移到了你真正渴望的事物上。一个真正有价值的目标，不仅能让你摆脱无意义的内耗，更能让你朝着梦想的方向奋力前进。

但是仅仅不内耗是不够的，俗话说"衣食足而知荣辱"，在摆脱恶性内耗后，你的灵魂深处会开始不自觉地寻求更深层次的满足——快乐、平静和爱。

就我个人而言，我渴望能够自由地做出那些真正符合我价值观的、理性的决定，自由地朝着我理想中的生活前进。这意味着我更关注自己的期望，而不是那些只存在于我脑海中的、他人对我的期望。这可能会让一些人失望，也可能意味着我需要放弃那些对自己和他人不切实际的期望。

我必须放弃那些关于生活"应该"是什么样的幻想，同时接受生活"可能"是什么样的现实。

这是一个成长的过程，也是一个自我发现的旅程。通过这个过程，我明白了如何真正地放下内耗，转而追求那些能够给我带来真正满足和幸福的事物。简单来说，那就是取悦自己。

取悦自己的前提——接受自己的一切

我们在遇到某些挫折或听到一些反对的声音时，总是习惯通过回避现实、佯装不知、附和发言等方式，来达成别人眼中的"优秀"。这让我们不得不压抑自己的需求与真实想法。然而，这样拧巴的事情做得多了，对自己的抗拒也会逐步升级，最后将自己改造成别人眼中也许"完美"的样子。但那不是你内心想要的，你依然难以获得真正意义上的自由与愉悦。

相反，一旦我们接受了现实，无论它是正面的还是负面的，我们就能采取必要的行动来释放内心的重负。我们需要坦率地识别那些自我否定的思维模式，并用事实来替换它们。这样做可以帮助我们构建一种情感上真诚、宁静且充满喜悦的生活。通过这种转变，我们能够以一种更加积极和健康的心态去生活。

这也就是我想表达的：接受自己的独特性，是取悦自己的重要途径。

在漫长的人生旅途中，总会有些时刻需要我们做好自我调整，只有深刻理解自己的使命，我们才能够做好相应准备，去面对挑战，去承担责任。这通常意味着你的生活方式和周围人的可能会有所不同，你的目标也可能与他人的截然不同。不要害怕与众不同，你本来就有别于他人，从众也许能带来安全感，却不一定是你内心真正想要的。

接受这种差异，只有从心底里认可自己的想法与行为，才能让你感受到自由，并在你的选择中找到快乐和自信。它会帮助你摆脱那些本就不属于你的期望所带来的内耗情绪。

请记住两个关键点：

1. 只有当你接受自己独特的生活方式时，你才不会因为没有活成别人期望的样子而感到内疚。

2. 除非你真正相信自己是独一无二的，否则你无法真正接受自己独特的生活方式。

取悦自己的七大原则

内疚可能变成了一种根深蒂固的习惯，但通过练习和有意识的选择，快乐同样可以被培养成一种习惯。

原则一：找回遗失的快乐

我是个容易丢东西的人，但多数时候，我都会把重要的东西放在特定位置，例如身份证，我总是放在手提包内侧的口袋里。

　　有次去外地参加一个会议，由于乘坐高铁时需要刷身份证才能进入候车区，我便将身份证和手上的小笔记本一起放在了外套口袋里。坐在候车室等待时，我听到广播里乘务员字正腔圆地念着我的名字，让我到服务台一趟。

　　一开始我很困惑，拉着行李箱走到服务台，工作人员看看手里的东西又看看我，让我念一念身份证号码。我虽然一肚子问号，但是出于对他们的信任，我还是流利地念出了自己的身份证号。看我满脸疑惑，工作人员将身份证递给了我。

　　我睁大了眼睛，不敢相信，掏出口袋里的笔记本，夹层中果然早已没了身份证。工作人员告诉我，有人在安全闸口发现了这张身份证，并把它交给了工作人员。由于我已经通过了安检，如果不是他人捡到了，我可能直到下车才会意识到它不见了。

　　如果没有意识到遗失了某件东西，人们是不会主动去找它的。在长时间的内耗中，你早已迷失在自己构筑的"情绪监狱"内，每当自我反省或从众附和时，你只会感到焦虑和厌烦，根本没有意识到自己已经多久没有获得心灵的自由与快乐。

　　你可以将释放内疚作为你自我提升旅程的起点，但我坚信你的追求远不止于此。你的终极追求应该是一个充满喜悦、自由和宁静的充实的生活。

　　你可以深入地触及自己的灵魂，重新发现那些被遗忘的快乐，并持之以恒地追求这种状态。当你感到内疚时，首先要认识到快乐已经暂时离你而去。但请记住，快乐其实一直存在，哪怕你已经想不起来上次体验到平静和喜悦是什么时候。

回答自己一个问题：想寻回快乐吗？如果你的答案是肯定的，那么这个答复就是你踏上追寻快乐之旅的起点。

原则二：接受已经发生的过往

有时我们可能会希望某些事情从未发生，或是自己当时做出了不同的选择；或是希望某些对话能够重新来过，让自己有机会用不同的方式表达。但无论我们有多么渴望，时间都无法倒流，已成定局的事情我们也无法改变，接受现实是唯一的选择。

刚毕业的时候，我还抱着极大的理想主义。在一段时间内，毫无收入的我还需要靠父母支援生活费用。尽管当时他们也正被巨大的经济压力包围。

在进入人生的下个阶段后，我一直对这段经历难以启齿。直到有一天我顿悟：既然改变不了过去，那不如朝前看，有些犯蠢的行为在人生的某个阶段发生了，我只需要牢记不要再犯，那个我不想面对的过往也将不复出现。

接受意味着和解，它让我们与过去和现实达成一种和平共处的状态。这种不仅是对事件本身的认同，更是对自己情感和反应的理解。接受也影响着我们对自己以及对世界的认知，它重塑了我们看待生活和挑战的视角。当我们接受现实时，我们开始从更深层次理解自己的价值观、信念和生活的意义，这有助于我们更清晰地认识到自己的内在需求和愿望。接受现状，你能够抛弃那些阻碍你前进的负面情绪和想法，从而更自由地去探索、去创造、去追求与你的内心更加契合的目标和未来。

接受是一种力量，它让你在面对生活的不确定性时保持坚韧和灵活。它教会我们如何在变化中寻找稳定，在失去中实现成长，在挑战中发现机遇。接受不是放弃，而是一种智慧，它让你在生活的旅途中更加从容不迫、更加充满希望。通过接受，你可以学会如何与自己和世界和谐相处，如何在不完美的现实中找到属于自己的完美时刻。

原则三：接受自己的不完美

对于那些渴望摆脱自我批评和不断的内心斗争的人来说，学会谦卑和对自己宽容是实现这一转变的关键。这听起来可能有些违反直觉，因为我们通常认为内耗是因为我们在乎他人的看法，而不是因为我们自大。但实际上，内耗往往源于我们对自己的严苛期望和无法达到这些期望时的自我批评。

想要真正拥抱快乐，我们需要学会接受自己的不完美。这意味着我们需要认识到，我们关心他人，同时也要将这种关心扩展到自己身上。

要实现这一点，我们首先需要对自己的能力有信心，相信自己能够实现自己的目标，同时也接受自己可能会失败。接受自己的不足并不是放弃努力，而是理解了每个人都有局限性，认识到失败是成长的一部分。

在为这本书做访谈的时候，我跟曾经的来访者 A 女士做了简短的对话。

她曾经因没能在大女儿的成长过程中给予其丰富的物质生

活，以及与前夫离婚导致和孩子长期分离而感到愧疚不已。与大女儿年龄相差了十五岁的小女儿，从出生开始便享受着姐姐当初望尘莫及的物质生活，以及母亲无微不至的关爱。

在给大女儿写的好几封表露真情的道歉信中，她细致地讲述了当年发生的一切，以及因此她的内心深感自责，希望养育大女儿的过程可以重新来过，尽管我们都知道这不可能实现。

这次与她的交流让我发现了她的情绪变化，她在内心已经全然接纳了有过失的自己，并坦言："我接受生命中所有做出的选择，以及这些选择导致的后果。"她很笃定地说："我已经能接受我的生活就是如此，包括好的和坏的，我原谅了自己之前做过的让自己后悔的事情，但也明白自己可以做得更好。"

通过接受自己的不完美，我们可以丢弃那些无谓的内耗，给予自己更多的理解。这样，我们就能更容易地拥抱快乐，享受生活的每一个时刻。这种心态的转变不是一蹴而就的，但每一点进步都会让我们更接近内心的平静和满足。

原则四：宽恕自己

无论是对自己还是对他人，宽恕就像是免除内心的债务，它宣布你不再背负罪恶感，不再追求对自己或他人的惩罚。宽恕自己往往要比宽恕别人更艰难，这是一个深刻的内在过程，它要求我们认识到自己的完整性，并在释放那些导致自责的情绪负担的同时，停止自我惩罚。

宽恕是释放痛苦和愤怒，是放弃内心对报复和持续愤怒的渴望。

当我们宽恕他人时，这些概念更容易理解。我们一般会这样理解：

● 宽恕意味着认可对方的错误行为。

● 宽恕意味着你们的关系保持不变。

● 宽恕意味着你放弃了感到自己被处境伤害的权利，也放弃了向他人表达负面情绪的权利。

当宽恕的对象是自己时，事情就变得复杂了：

● 宽恕自己不意味着认可自己的错误行为，而是指接受自己犯了错误，并决定从中学习，而不是持续地自责。

● 宽恕自己不意味着与自己的关系保持不变。我们会从自我批评者的角色转变为更加支持和鼓励自己的伙伴，这种转变有助于我们建立更健康的自我形象。

● 宽恕自己不意味着放弃表达负面情绪的权利。我们可以接受自己的负面情绪，如愤怒、悲伤或失望，并找到健康的方式来处理它们，而不是压抑或忽视这些情绪。

自我宽恕是一个深刻的内在转变过程，它涉及对自己的深刻理解和无条件接纳。通过这个过程，我们可以丢弃不利于我们的负面情绪和限制性信念，给自己一个成长、学习和变得更好的机会。

自我宽恕是自我成长和心理健康的重要组成部分，它使我们能够以更加慈悲和宽容的态度看待自己和他人。原谅自己也是自我提升的机会，它促使我们成长，而不是停留在原地。

通过勇敢地面对内疚的源头，无论是与他人进行艰难的对话，还是相信自己的直觉，宽恕自己都意味着前进，诚实面对并放弃那些阻碍自我的习惯。最后，当原谅自己时，我们选择了自我同情。我们不再自我打击，而是决定以温柔的态度对待自己。

如果我们不原谅那些伤害过我们的人，我们就放不下那些消极情绪。同样，如果我们不原谅自己，我们就对那些应该释放的消极情绪耿耿于怀。一个总是心怀愤怒的人很难快乐起来。因此，如果我们想要找回快乐，就必须学会原谅自己。

原则五：总结吸取的教训

回想那些曾让你感到内耗的艰难时刻，无论是你已经克服的，还是正在努力克服的。

现在深入思考一下：我最需要记住的教训是什么？

我们能从书本上学到经验，也能从别人的经历中学到经验，但最深刻的教训往往来自自身的经历。这些是我们人生中最宝贵的财富，能让我们的余生避免再掉入这类圈套。

通过内化这些内耗背后的教训，你内心的负担便能够得到减轻。这种自我认知和表达的过程，是实现内心自由和快乐的关键。

原则六：与让你感到快乐的人交往

我们应该有意识地与那些令我们感到愉悦的人交往，他们必须不会利用或操控我们，也愿意真诚地欣赏我们，与我们建立健康的友谊。多数时候，符合这些要求的朋友大多数与我们有着相同或相似的价值观，与这样的人交往，我们也无需逼迫自己去追求那些不符合自己内心的目标或价值观。

要知道，与价值观相似的人交往会更容易心灵相通，在这种情况下，我们通常和我们的朋友一样快乐。与那些让我们感到自我良好、快乐和受到尊敬的人相处，是实现快乐的关键。

与一些重要的人建立界限可能比较艰难，尤其是那些我们情感上难以割舍的人，比如父母或孩子。然而，对于那些并未给我们的生活带来积极影响的关系，我们需要勇敢地做出决断。如果我们尝试设定界限，而对方却始终无法尊重这些界限，那么可能就需要考虑退出这段关系。

你如果渴望重拾快乐，那么就需要放下内疚，有意识地选择与让你快乐的人交往。研究表明，社交圈中有一个快乐的人，可以提升你快乐的概率。幸福是具有感染力的，所以我们最亲密的友谊和关系对我们的影响至关重要。如果这些关系带来的是内疚、怀疑或不安全感，那么就需要考虑做出改变。选择权在你手中，你有能力选择那些能够提升你生活质量的人。

原则七：去做些能让你快乐的事情

要拥抱属于你自己的快乐，首先确保你周围的人能够支持你，不会给你带来内耗感（这在前面我们说过了）；其次就是要投身于那些真正令你感到快乐的活动。你需要深入思考以下几个问题：

1. 什么能够让你快乐？

2. 当你想起什么的时候，你会情不自禁地笑？

3. 哪些活动与你内心深处的价值观相呼应，让你在参与时感到无比满足？

人们总是喜欢将梦想挂在嘴边，却很少真的付诸行动。那么现在，是时候去发掘那些你一直渴望却未曾实现的事情了！无论是大的还是小的，找出你一直想做却一直没开始做的事，可以是梦想多年的旅行，可以是一次健身挑战，还可以是想收拾却一直没时间收拾的家里的杂物间。行动起来，开始做那些能够提升你幸福感、与你价值观相符的事情。

与此同时，你需要审视一下你生活中的那些与你的价值观背道而驰的行为。你可能一直声称自己热爱自然和环保，却经常忘记关闭不必要的电灯或过度使用一次性塑料制品。或者，你口口声声说要注重健康，却经常熬夜加班、饮食不规律。让我们感到内耗的往往正是那些未完成的事项。因此，下定决心去实现它们，不要让拖延成为你的负担，即使这需要你走出舒适区，即使你感到不安或焦虑。记住，内耗感实际上是一个信号，提示我们要去成长，去克服困难，去努力实现自我超越。

第二节
触发快乐的N个开关

　　许多人倾向于通过一些固定的方式去寻求快乐，而这些方式通常是由习惯所驱使的。科学研究表明，定期从事某些活动确实能够为大多数人带来快乐。为了帮助你确认自己的选择并将这些快乐的源泉融入你的日常生活，我会给你一个自我声明的框架。通过这个框架，你可以更加坚定地将这些快乐的源泉融入自己的生活中，从而培养出更加积极的生活方式。

自我声明

1. 每时每刻都饱含期待

● 无论是日常的小事还是长远的梦想，生活中充满期待会让人觉得生活很有奔头。

● 你如果觉得缺乏期待，那就创造一些。比如，期待着今晚用最喜欢的毯子裹着自己，享受一部好电影，或是为两年后的梦想假期做计划。

- 规划和期待本身就能带来快乐。
- 自我声明：我将确保每天都有让我期待的美好事物。

2. 怀有感恩之心

- 感恩能激发积极情绪，让大脑释放让人感觉良好的化学物质。
- 花时间去寻找让你感激的事情，写下来，然后思考它们为何重要。
- 自我声明：我会更关注我已经拥有的，而不是不满足于没拥有的。

3. 倾听他人的感受

- 倾听是一种强大的内在力量，不仅是在接收他人的言语，更是在理解他们的感受和经历。
- 自我声明：在与人交流时，我将全心倾听，建立真正的联系。

4. 适度做好事

- 做好事是我们积极影响他人的方式，让我们将注意力从自己身上移开。
- 在帮到别人的同时，感受到自己生命的意义，让我们的生活更有价值。
- 自我声明：我将争取每天至少做一件帮助他人的事情。

5. 思考生命的意义

- 你的使命是用自己的天赋和经验以独特的方式服务他人。
- 思考一下，他人的生活是如何因你而变美好的。

● 自我声明：我的生命有其目的，我将致力于实现我的使命。

6. 适度运动

● 运动能使心情愉悦，只需二十分钟的有氧运动就能为你带来二十四小时的好心情。无论是散步、跳跃还是玩耍，让身体动起来！

自我声明：运动让人快乐，懒惰让人烦恼。

7. 允许自己玩乐

● 玩乐是生活的重要组成部分，它让我们放松并享受当下。

● 确保你的生活有纯粹的快乐时光。

● 自我声明：开心的事情当然要做了。

8. 多说能鼓舞自己的话

● 你的言语可以塑造情绪，选择积极的话语，避免那些带来内疚的表达。

● 自我声明：我很棒，我的人生充满希望。

9. 合理消费

● 合理消费、慷慨给予、重视体验而非物质，这些都是快乐的源泉。

● 自我声明：我将控制支出，确保生活支出在收入的 75% 以内。

10. 练习微笑

● 微笑不仅能表达快乐，也能让心情变好。即使没有特别的理由，微笑也能让我们感到更开心。

● 自我声明：我将每天寻找微笑的理由，特别是在困难的日子里。

11. 给自己一些休息的时间

● 放松和休息对快乐至关重要。

- 每周都确保你有一段时间可以什么也不做，只是休息。
- 自我声明：我将保证充足的休息和睡眠，享受生活的每一刻。

取悦自己，是自渡的最后一步

我们一同走过这本书的许多章节，现在这段旅程已至尾声。看完本书，我希望你可以带着一个清晰的愿景继续前进。

设想一下，当你不再被内耗消磨，你的生活将会是什么样的？具体想想，然后把这些想法书写下来，当你为自己勾勒一个美好愿景时，一些奇妙的改变就会发生。

布置个小任务

请花上十五分钟，沉浸在一个没有内耗的自我想象中。

将这种状态详尽地记录下来，观察自己如何以温和的方式设定界限，如何勇敢地调整期望，以及如何自由地享受那种真实地面对自己的生活目标和神圣责任的快乐。

现在，就投入一些时间，生动地描绘一个内心无负担的自我形象吧！

结语

随着这本书的最后一章落下帷幕，我们仿佛共同完成了一段心灵的旅行。在这段旅行中，我们不仅揭开了内耗的神秘面纱，还一起探索了如何将它转化为成长的动力。我衷心希望，通过阅读这本书，我们都能以更加坦诚和真实的态度来面对自己内心的斗争。

我自己也曾受内耗之苦，自我质疑和无限焦虑像一堵厚重的墙挡在了我面前，让我的生活黯淡无光。但也正是这些挑战，让我开始深入研究人应当如何救自己于精神泥淖，并最终写下了这本书。

在书中，我分享了许多个人的案例和策略，希望能与你们形成一种共鸣，也希望书中的内容能够给你们带来一些启发和帮助，这是我写下这本书唯一的愿望。这些方法并不总是立竿见影，但它们确实可以在某种程度上减少内耗情绪，避免过度思考。

请记住，每个人都会经历内耗，这并不是你的弱点，而是成长的一部分。我们都有权利去追求更加充实和快乐的生活，而停止内耗就是实现这一目标的关键步骤。

在结束这本书之际，我想对你们说：无论你们现在处于什么样的境遇，都请相信自己拥有改变的能力。就像我在书中所写的那样，你也可以通过这些小策略来减少内耗，找回你的快乐，实现你的梦想和目标。

　　这本书不仅记录了我的故事，也映射着我们所有人的故事。让我们一起努力，不仅为了自己的成长，也为了创造一个更加健康、更有活力的世界。当你感到疲惫、迷茫或失去动力时，记得回到这本书中，让这些文字成为你的灯塔，引导你穿越内耗的迷雾，找到通往安宁和平静的道路。让我们一起加油，向着更加美好的未来前进！